U0024335

中美台戰略趨勢備忘錄【第二輯】

曾復生　著

台灣海峽潛在軍事危機的根源

亞太地區（Asia-Pacific Region）是中共在二十一世紀初期，與美國競逐戰略利益的場所；而台灣海峽也已經成為兩強權力交鋒的焦點。中華民國未來的生存與發展，不可能無視於中共的崛起與擴張，更無法自外於「兩岸三邊」（台北—北京—華府）互動的框架（Frame-work）。對於美國而言，維護台灣海峽的和平與穩定，已成為其在亞太地區，處理安全戰略事務的一項重大考驗。然而，從中共的角度觀之，征服台灣就等於是瓦解了美國在亞太地區的盟主地位。

根據一份中共中央軍委會於一九九九年八月十日發佈，並傳達到師級指揮官的文件顯示，共軍正準備伺機對台灣發動軍事行動。中共軍方認為，倘若一場反台獨的戰爭已無法避免，就應考慮「早打比晚打有利」，因為早打儘管會延誤經濟發展，但是晚打將會破壞整個經濟改革的成果。此外，長期研究台北—北京—華府互動關係的美國喬治城大學教授唐耐心（Nancy

Tucker），在二〇〇〇年三月發表的研究報告中亦提出警訊認為，台海地區的爆炸性和對東亞穩定的威脅，遠超過朝鮮半島。唐教授強調，在未來三年間，隨著兩岸關係持續緊張與對峙，美國因中共對台動武，而捲入台海軍事衝突的可能性，已經無法排除。

二〇〇〇年四月十二日，時任美國國防部副助理部長坎貝爾（Kurt Campbell），在亞洲協會（The Asia Society）於紐約所舉辦的座談會上指出，台灣在總統大選後，台北方面表示願意對話，但是不願意接受北京的架構。至於北京方面，雖然沒有動作，卻是屬於「詭異的靜默」。然而，中共基本上並不希望台灣領導階層過於穩定，因為台灣政局若相當穩定，就不會願意與中共進行談判。坎貝爾最後並強調，未來六個月是台海的絕對關鍵時刻。二〇〇〇年六月中旬，坎貝爾博士訪問台北時公開表示，台海情勢仍然相當嚴峻。其同時亦對兩岸在短期內恢復對話的前景，不表樂觀。二〇〇一年三月中旬，坎貝爾博士在台北出席第八屆CSIS台北圓桌會議時，再度指出，當其在美國國防部負責東亞安全事務時，最重要的工作之一就是密切觀察中共針對台灣所進行的持續性軍備強化措施。坎貝爾博士認為，台灣的政治人物絕對不可以低估共軍以武力犯台的戰略意圖與能力。

事實上，早在二〇〇〇年二月二日、二〇〇一年的二月中旬、二〇〇三年二月十二日，以及二〇〇四年的二月下旬，美國中央情報局局長和國防情報局局長，就曾經先後在參眾兩院委員會的聽証會上表示，台灣內部的台獨勢力上漲，已促使台海地區發生軍事危機的可能性，明顯上升。此外，二〇〇〇年十一月間，美國國防部的研究報告，以及智庫藍德公司的專題研究亦披露，解放軍不會用「入侵」的方式攻打台灣，而是用大規模的密集導彈突擊，全面瓦解台灣的空防和預警系統。中共軍方對台作戰的主軸將包括：掃除美國的干預威脅，對台實施精準空襲、發動資訊戰，以及運用特種作戰部隊等措施，並企圖使台灣的軍隊措手不及，無法實施反擊。

從近期中共與俄羅斯、以色列，以及歐盟國家等發展國防科技交流和軍購的內容觀之，中共軍隊將擁有的軍備包括：高解析度的雷達衛星、可改變彈道的M—九型彈導飛彈、超音速攻艦飛彈、空中預警管制機、陸攻巡弋飛彈、攻擊直昇機、靜音效果極佳的潛艦等。至二〇一〇年，中共海軍將可擁有十五艘新式潛艦，對台灣海峽的封鎖能力可大幅增加。此外，中共的瀋陽飛機製造廠已取得蘇愷二七型戰鬥機的製造授權和各種設備零件。預計到二〇〇五年時可生產約二百架同型飛機。屆時，對提昇中共空軍戰力，將有明顯的幫助。

隨著中共海空軍戰力的逐步提升，美國在亞太地區「平、戰時」轉換時間將縮短，此對其維持台海軍力平衡的考量，也造成了更多的不確定性。然而，更值得注意的是，中共當前所認定的三項重要的國家安全戰略性任務，已經對亞太安全格局構成深遠的影響。第一項就是有關「祖國統一」的議題。中共不僅把解決「台灣問題」視為民族主義問題，同時也將其視為「國家安全」問題。民族主義追求的是一個統一的國家，而一個分裂的中國，對中共的「國家安全」具有顯著的威脅。現階段中共軍力的發展、戰略計劃的部署，以及推動軍事現代化的動力，有很重要的部份，都是為了要確保有足夠的軍事能力，達成北京當局統一中國的目標。

第二項國家安全戰略性任務是鞏固並開拓中共在東海及南中國海的政治、經濟、軍事利益。為了要達成此項戰略目標，中共所必須發展及擁有的軍事能力，將不只是足夠對付台灣，而且必須能有效嚇阻任何可能對此地區構成威脅的國家。最後，中共的第三項戰略性任務，就是維持並強化中共對東北亞及東南亞國家的影響力。其在朝鮮半島雖已促成了兩韓領袖的高峰會議和「六方會談」，但是對於防範大陸東北的七百萬朝鮮族與南北韓結合，仍然著力甚深；同時，中共亦運用北韓牽制美、日、南韓在東北亞的軍力，並且加強吸引南韓到山東半島投資；此外，中共亦積極防阻日本進一步與外蒙古接觸，避免造成北方邊境的安全戰略缺口；就東南亞的戰略部署方面，中共推動全面性睦鄰政策，恢復與越南的友好關係；重修滇緬公路，與緬甸軍政府簽訂合作協議，在孟加拉灣的Co Co Island及Mergui Naval Base建立海軍偵察站，監控印度洋，威脅日本石油航運線。基本上，中共所強調的「積極防禦海域」，包括南自南沙群島到台灣海峽、釣魚台群島，向北一直延伸到朝鮮半島。這種戰略部署作為顯示，中共軍方企圖突破第一島鏈，發展海洋勢力，經營「藍色國土」的佈局，已逐漸露出端倪。中共軍方當局認為，若要取得亞太區域的戰略縱深優勢，就必須擁有足夠控制此區域的軍事實力。

從中共當局的國家安全戰略思維邏輯推論，解放軍將會把美國在亞太地區的駐軍及其與各國的軍事合作關係，包括「美日防衛合作指針」、戰區飛彈防禦體系（TMD）的部署、對台軍售等，視為其解決「台灣問題」，以及取得海疆戰略縱深優勢的障礙；美國也將因中共在亞太地區的軍力和影響力日益強化，而備感不安。據此觀之，台灣海峽潛在軍事危機的根源，主要是來自於美國與中共之間，在亞太地區的戰略利益競逐。因此，亞洲諸國，尤其是中華民國、日本，以及南北韓和新加坡，都必須密切注意美「中」兩強間的戰略利益競逐，並找到對自己國家最有利的戰略位置，以因應亞太新形勢的嚴峻挑戰。

二〇〇〇年三月十八日中華民國第十任總統選舉結果出爐後，美國方面普遍認為，兩岸關係將可能更趨於複雜和不確定。隨著二〇〇四年三月二十日中華民國第十一任總統選舉結果產生後，中美台的互動關係，更出現瀕臨結構性轉變的關鍵時刻。因此，國人有必要密切觀察「兩岸三邊」的戰略趨勢，以確保台灣的關鍵利益與安全。筆者基於中華民國生存與發展的考量，審慎地選材與研析相關的論述與事件，並標明備忘錄完稿日期，盼能為關心台北—北京—華府互動趨勢的讀者們，增添一個資訊管道，以收集思廣益的效果。最後，作者想藉本書的出版向慈父曾凱宏先生表達最深的愛與感恩

曾復生謹誌於台北
2004年9月28日中秋夜

目次

備忘錄九一

台灣面對中共威脅的弱點

時間：二〇〇三年三月二十六日

去年八月三日，陳水扁在總統府透過視訊直播方式，向在日本東京舉行的世界台灣同鄉聯合會第二十九屆年會成員表示，「台灣與對岸中國、一邊一國，要分清楚」；同時，陳亦強調「大家認真思考公民投票立法的重要性與急迫性」。基本上，以陳水扁為首的民進黨核心人士認為：台灣的主流民意傾向於在維持政治自主性的基礎上，與中國大陸發展建設性的經貿互動關係；中共當局雖然表示台獨意味戰爭，但是面對美國的優勢軍力，亦有所顧忌；美國政府與國會雖堅持「一個中國政策」，並表明不支持台灣獨立，但仍認為兩岸維持分裂態勢，有利於美國在西太平洋的戰略佈局。因此，近日以來，民進黨與台聯黨人士相繼拋出「一邊一國論」的議題、「台灣正名」運動，以及公投立法和制定台灣國憲法等政治訴求，而其目標則在於突顯台灣的主權國家的地位，為二〇〇四年總統大選累積籌碼。然而，就在這種選舉掛帥，台獨意識型態治國的狀況下，我國的綜合國力每況愈下，甚至連國際人士都開始憂心，台灣將如何面對日益崛起的中共，而能夠爭取到對等協商的地位，以及談判的籌碼。今年三月中旬，隸屬美軍太平洋總部的「亞太安全研究中心」（Asia-Pacific Center for Security Studies），即發表一份題為：「Taiwan's Threat Perceptions: The Enemy Within」的研究報告指出，台灣在面對中共威脅時，其真正的問題卻來自於內部。現謹將報告內容以要點分述如下：

第一、當中共的綜合實力不斷增加的同時，台灣的綜合實力卻因為遲遲無法解決最基本、但卻相當困難的問題，而快速地衰退。這些嚴重傷害台灣實力的難題包括：（一）整體民心士氣在面對中共心理戰所顯露出的脆弱程度；（二）朝野政黨及政治精英對攸關國家共同利益的兩岸關係政策，嚴重地缺乏共識；（三）台灣的國防體系需要建立具有連貫性的戰略與政策，並在結構上進行全面性的改革；（四）台灣缺少促進經濟產業升級所需要的基礎建設。根據研究小組對台灣的政府官員、學者專家，以及工商界人士進行訪談的結果顯示，多數受訪人士認為，中共對台灣的威脅主要是以政治和經濟的手段為主，武力手段反倒是其次。然而，多數人士深切地表示，台灣內部遲遲無法就前述的四項難題，提出有效的因應化解之道，才是台灣整體安全的最嚴重威脅。

第二、隨著中共軍力的成長，其對台灣造成心理戰的效果也將愈大，而這種心理戰效果將會明顯地降低中共武力犯台所需要花費的成本。中共解放軍在一份內部的戰力評估報告中表示，台灣的人民由於長期享有安逸的生活，所以抗壓力相對地薄弱。一旦台北地區的水電被切斷長達到兩天以上，解放軍就可以迫使台北方面接受投降的談判。此外，共軍在評估報告中指出，台灣的民眾對於花費鉅資充實國防武力，有相當程度的保留態度；同時，青年人對於從軍或服義務役的熱忱與意願也不高；至於後備軍人，其對於積極回應政府的動員徵召，亦有所猶豫。整體而言，台灣內部民心士氣的脆弱性，讓中共的心理戰頻頻奏效，例如導彈試射，大批漁工的入侵等事件，就曾經造成台北股市的震盪與社會氣氛的不安。

第三、族群問題在台灣是具有高度情緒性與敏感性的議題。政黨間的競爭經常會簡化成「愛台或賣台」的爭論。隨著台灣的政黨輪替，目前執政的民進黨不斷地推出刺激族群問題的政策議題，包括更改國號、變更護照名稱，甚至挑戰孫中山的國父地位。台灣內部對於國家最基本的憲政體制，其爭議與分歧的程度也愈來愈高，因此，對於關係到整體國家利益的國防、外交、兩岸關係等政策，都明顯缺少共識的基礎。這種重大政策路線嚴重分歧的狀況，只會造成整個國家經濟力和綜合實力的衰退。

第四、由於台灣的朝野政黨對於國家憲政基礎的爭議日趨激烈，這種現象對規劃國家的國防戰略而言，也是一種嚴重的障礙。目前，台灣的國防戰略規劃，是按現行有限的資源條件，客觀的國際環境和兩岸關係，以及地理條件限制的基礎，尋求保衛台灣安全的有效措施。近日以來，台灣與美軍在軍事合作項目上，有明顯的質量提升，但是雙方卻同時面臨一個重要的課題，即一旦中共武力犯台，台灣要和美國一起併肩作戰，或者雙方各打各的，甚至台灣方面站在一旁，委由美軍獨立作戰。此外，台灣現在的財力狀況是否有能力符合美軍的要求，採購提升戰力所需的裝備，也成為嚴重的限制。整體而言，倘若台灣的朝野政治精英，遲遲無法在憲

備忘錄 九二

美國對中國大陸崛起的政治經濟分析

時間：二〇〇三年四月五日

四月二日，日本經濟專家大前研一在台北的演講會中指出，中國大陸區域化的經濟發展過程中，其將快速地形成六個或更多的區域經濟體，包括遼東半島與東北三省、北京天津迴廊、山東半島、長江三角洲、廈門與福州，以及珠江三角洲地區；大前認為，現在每一個經濟特區發展都極有特色，而這六大區域正在快速發展，並進而形成如同美國現行體系的大中華聯邦組織；同時，大前表示，中國大陸的經濟如今已成為全世界最典型的資本主義，而日本經濟卻有如共產主義。在同一場演講會上，華裔美籍律師章家敦對大陸經濟發展的前景，卻提出不同的看法。章家敦認為，中國大陸的購買力眼前看來是大幅增加，但要維持直線成長恐怕很難；此外，章表示，中國大陸要有好的未來，就必須從中央、省到地方進行徹底的改革，並且要妥善因應WTO的轉型、有效減少銀行壞帳、解決日益嚴重的環境污染問題，以及順利處理失業下崗潮等。但是，章家敦強調，中國大陸成功解決這些難題的機會不大。今年的三月十九日，美國參議院外交關係委員會主席魯加（Senator Richard G. Lugar），在國會山莊舉行一場探討「中國大陸崛起的影響及其後續發展」聽證會，邀請國務院東亞事務副助卿薛瑞福

（Randall Schriver）、貿易代表署副助理代表佛理曼（Charles Freeman），以及美中商會總裁卡柏（Robert A. Kapp）等人士，針對中國大陸的政治經濟發展形勢和美國的態度，提出各項相關看法，其要點如下：

第一、中國大陸的崛起與成長，已經促使其成為國際體系中的正常國家。隨著整體綜合實力的提升與日益強化，中國大陸也將會與美國就雙方之間，以及各地區的多邊性重大議題，進行更加密切的互動與協商。從中共十六大和今年三月的第十屆人大第一次會議觀之，中共的強人政治或獨裁統治時代已經過去。以胡錦濤為首的集體領導體制，將會傾向於理性、技術導向的治國思維。同時，中國大陸週邊的國家，亦積極地樂意與中國大陸建立密切互動的經濟合作關係。此外，中國大陸已經成為跨國企業的全球運籌核心部份。去年，大陸的國民生產毛額GDP佔全球生產總額的百分之四；其所吸引的國際投資達到五百二十七億美元；對美國的貿易總額超過一千五佰億美元，並有九百八十億美元的出超。

第二、在過去的十三個月內，布希總統曾經與江澤民會晤達四次之多。三月十八日，布希總統亦親自致電胡錦濤，表達美國希望與中國大陸強化建設性合作關係的態度。基本上，美中雙方在共同執行反恐戰爭的合作上，將會有更多良性互動的空間。目前，中共方面在伊拉克的議題，以及北韓核武危機的議題上，都展現出相當程度的建設性態度。此舉也為營造美中間就有關重大的區域性安全議題，奠定更穩固的合作基礎。

第三、目前，中國大陸已經是WTO的成員國。美國方面將會運用商務部、貿易代表署、農業部等機構。密切地掌握中國大陸是否在農業、服務業、智慧財產權保護，以及市場機制透明度等重大的經貿議題上，忠實履行WTO的規範。不過，值得注意的是，隨著中國大陸經濟實力的成長，其在亞太地區及世界經濟體系的份量，亦快速地增加。目前中國大陸正積極地與東協國家組織，進行建構自由貿易區的準備工作。此外，其亦計劃將自由貿易區的發展，含括日本及韓國地區，並進一步與香港發展更密切的經濟合作夥伴關係。

第四、儘管中國大陸在近年來，不斷地展現出經濟持續成長的勢頭。但是，其所面臨的結構性發展瓶頸，以及經濟成長的挑戰，亦不容輕忽。目前，中國大陸的金融體系正陷入嚴重的呆帳難題，資本市場的法治規範體系和規模也都尚未成熟。同時，數量可觀且嚴重缺乏競爭力的國營企業，對大陸的政治經濟體系而言，無疑將是一個引爆混亂的定時炸彈。美國方面認為，中國大陸內部的貧富差距問題、官僚腐敗問題、農村失業盲流問題、土地沙漠化問題、水資源短缺問題、環境污染問題，以及仰賴外國石油能源日深等問題，都將是當前中共領導層所必須正視，並需要透過有效的經濟策略和實質性的政治改革措施，才能化解的挑戰。

第五、整體而言，中國大陸的市場經濟運作程度，已經遠遠超過幾年前所能想像的範圍。政府運作對人民生活的控制與影響也逐漸的減弱。雖然中國大陸的政治經濟體制已經擺脫列寧式的集權計劃經濟型態。但是，西方的投資者和跨國企業仍然會受到各種官僚體系的限制與干擾。

備忘錄 九三

中國大陸崛起衝擊亞太安全格局

時間：二〇〇三年四月十日

隨著中國大陸經濟實力的逐年成長，以及外匯存底的快速累積，中共的軍費預算在最近幾年，均呈現兩位數的成長，而其自俄羅斯和西方先進國家引進的軍事技術質量，更是令人不敢輕忽。目前中共正積極從事三項戰略性軍事能力的強化措施，包括（一）核動力潛艦的潛射洲際彈導飛彈能力．（二）發展雷射殺手衛星，破壞執行戰場管理所需要的人造衛星；（三）建構雷達衛星及全球衛星定位系統，並同步部署陸攻及攻艦巡弋飛彈能力等。中共方面有意藉此嚇阻美軍直接介入台海戰事，並防範日本及南北韓在東北亞地區，破壞中國大陸的利益。今年的三月十九日，美國參議院外交關係委員會主席魯加（Senator Richard G. Lugar），在國會出莊舉行一場探討中國大陸崛起的聽證會，邀請華府智庫傳統基金會副總裁武爾茲（Larry M. Wortzel），以及華府智庫尼克森中心中國研究部主任藍普頓（David M. Lampton），針對中國大陸崛起對亞太地區的安全格局所造成的衝擊，以及其所帶來的後續發展與影響，提出專業性的看法，其要點如下：

第一、現階段中共軍力的擴張，雖然在強勁的經濟成長力道支持下，呈現出明顯增強的趨勢。但是，其仍然不足以對美國在西太平洋的優勢軍力構成威脅。不過，中共的軍事能力已經為其在朝鮮半島、台灣海峽、南海地區、中南半島、南亞地區，以及中亞地區，增添了相當程度的政治影響力。目前，中共提供北韓約百分之七十左右，其所需要的燃油，以及百分之三十左右的糧食。同時，根據中共高階將領表示，以中共跟北韓間長期的經濟軍事合作關係為考量，倘若美國入侵北韓，北京很可能會被迫捲入這場戰爭。基於北京對平壤的政治影響力，目前，華府、東京、漢城三方面的高層人士，紛紛前往北京爭取中共對北韓施壓，要求其放棄發展核武的計劃。美國方面甚至以默許中共支持巴基斯坦核武導彈計劃，做為交換北京對北韓施壓放棄核武計劃的條件。到目前為止，北京仍然不願對朝鮮半島的核武事件鬆口，但是美國方面相信，北京仍然希望看到朝鮮半島繼續分裂，雖然其在口頭上仍強調支持一個民主統一的韓國。

第二、美國在亞太地區有三萬七千名駐韓美軍及四萬六千名駐日美軍。目前其正在美軍太平洋總部及關島基地，增加各項戰略性軍事能力的部署。基本上，美國在面對中國大陸的崛起，以及其對亞太安全格局的衝擊時，其所採取的因應策略是，一方面加強與健康發展的中國交往，另一方面也隨時對萬一雙方關係變壞或中國發生動亂時，有所準備。目前，中國大陸的經濟雖然不斷地成長，政治上也有一些自由化的革新，但是其社會混亂的狀態也不容忽視。同時，美國對於中共當局將如何運用其在亞太地區日益增強的影響力，並不完全清楚。甚至，現階段日本與中共的互動關係，也開始傾向於不確定，因為，日本對於北韓的核武發展計劃有很深的疑慮，而北京方面卻遲遲不願明確表示反對北韓的核武計劃，進而導致日本方面有意採取發展自主性核武導彈能力的意圖。這項東北亞地區的安全格局變化正在進行當中，而美國必須要有「和、戰」的兩手準備。

第三、中共方面對台海安全格局的影響力，隨著其經濟實力的發展，亦出現了多種性的面貌。目前，中共的領導層發現，在全球化的趨勢中，運用經濟力來處理台灣問題，將可產生意想不到的效果。根據台北海關的統計資料顯示，二〇〇二年時，台灣的產品有百分之二十五輸往中國大陸，其已經取代美國成為台灣產品最大的出口對象。隨著兩岸經貿投資關係的日益密切，台海地區的安全格局亦開始發生變化，並有逐漸朝向中國大陸傾斜的跡象。去年的十月下旬，當江澤民直接向布希提出「撤飛彈換減軍售」的提議時，美國的回應卻出現了相當不自在的沉默。對於台北而言，兩岸的軍備競賽將會成為台北難以負荷的財政包袱。但是，對於美國在西太平洋的安全戰略佈局而言，中國大陸的崛起已經開始改變台海地區的安全格局。換言之，美國方面似乎有必要構思更加細緻的因應策略，才可能從容地面對這個新變局。

第四、目前中共方面對於美國積極部署的國家飛彈防禦體系，亦保持高度的戒心，並計劃加速發展足以保持核武反擊能力的彈導飛彈，以為因應。因此，美國有必要加強對中共進行說明，並取得諒解，以減輕亞太地區軍備競賽的壓力。

備忘錄 九四

美國操作「兩岸牌」的戰略動向

時間：二〇〇三年四月十五日

二〇〇一年初，布希總統曾經有意將美「中」關係，從柯林頓時期的「朝向建立戰略夥伴關係」方向，調整為「戰略競爭」關係。隨著九一一恐怖攻擊事件的發生，布希總統在內部會議中強調，對於中共「我們不必喜歡他們，但我們必須與他們共同處理重大的議題」；同時，國務卿鮑爾亦表示，美「中」互動是「具有廣泛議題的複雜關係」；至於對台政策方面，鮑爾特別強調，台灣不是「問題」，而是一個成功的故事。基本上，美國在處理兩岸關係時認為，其應該繼續運用「不統不獨不武」的形勢，站在戰略制高點上操作「兩岸矛盾」，維持台海的「動態平衡」，並從中獲取戰略利益。

去年的十二月十七日，美軍太平洋總部司令法戈（Thomas Fargo）在上海美國領事館向媒體表示，他在訪問中國大陸期間曾對中共高層強調：台灣問題是中美雙方最大摩擦點；美國希望「和平解決能成為唯一可行的出路」；美國總統布希承諾其將遵守中美三個聯合公報和「一個中國」政策；同時，美國國家領導人和美軍太平洋總部，「都準備並有責任履行台灣關係法的有關義務」。就在法戈在上海發言的前一天，美國的「國防新聞」週刊發表一篇題為「五角大廈檢視亞太可能狀況」的專文指出，中國不斷強化資訊科技及相關戰力，美國如果不能適時加強在亞洲的軍力，其結果將導致美國在太平洋地區的利益受損。此外，這份報告亦強調，如果美國戰力成功轉型，而中國軍力發展又有限，或許亞太地區可以維持一個「美國主導下的和平」；但是，如果中國經濟成長並加強軍備擴張，那麼即使美國戰力轉型，也仍然可能出現衝突場面。所以美國將可能與台灣發展更緊密、更正式的關係，包括擴大軍事合作。

隨著中國大陸經濟實力的逐年成長，以及外匯存底的快速累積，中國的軍費預算在最近幾年，均呈現兩位數的成長，而其自俄羅斯和西方國家引進的軍事技術質量，更是令人不敢輕忽。目前中國正積極從事三項戰略性軍事能力的強化措施，包括：（一）核動力潛艦的潛射洲際彈導飛彈能力；（二）發展雷射殺手衛星，破壞敵國執行戰場管理的人造衛星體系；（三）建構雷達衛星及全球衛星定位系統，並同步部署陸攻及攻艦巡弋飛彈能力等。中國有意藉此戰力嚇阻美軍直接介入台海戰事，並防範日本及南北韓在東北亞地區，破壞中國大陸的利益。

以陳水扁為首的民進黨核心人士認為，台灣的主流民意傾向於在維持政治自主性的基礎，與中國大陸發展建設性的經貿互動關係；中共當局雖然表明台獨意味戰爭，但是面對美國的優勢軍力，亦有所顧忌；美國政府與國會雖然堅持「一個中國政策」，並表明不支持台灣獨立，但仍認為兩岸維持分裂態勢，有利於美國在西太平洋的戰略佈局。因此，近數月以來，民進黨與台聯黨人士相繼拋出「一邊一國論」、「台灣正名運動」，以及公投立法和制定台灣國憲法等政治訴求，而其目標則在於凸顯台灣的主權國家地位，為二〇〇四年總統大選累積籌碼。然而，就在這種選舉掛帥，台獨意識形態治國的狀況下，台灣的綜合實力卻每況愈下，甚至連美方人士都警覺到，維持台海「動態平衡」的基礎已經開始鬆動，並有朝中共方面傾斜的趨勢。

今年三月中旬，隸屬美軍太平洋總部的「亞太安全研究中心」（Asia-Pacific Center for Security Studies），即發表一份研究報告指出，當中國的綜合實力不斷增加之際，台灣的綜合實力卻因為遲遲無法解決最基本的問題，而呈現快速的衰退；目前，台灣的政黨競爭經常會被簡化成「愛台或賣台」的爭論；民進黨及台聯黨人士不斷地推出刺激族群情緒的政策議題，包括制定新憲法、建立台灣國、變更護照名稱，甚至挑戰孫中山的國父地位；此外，台灣內部對於最基本的國家認同及憲政體制，其爭議與分歧的程度也越來越高，因此，對於關係到整個國家利益的國防、外交、兩岸關係等政策，都明顯地缺少共識的基礎。這份報告強調，台灣在面對中共威脅時，其真正的問題卻來自於內部；在重大政策路線嚴重分歧的狀況下，台灣的國防戰略及軍事能力要想達到一定的水準，仍然是一件困難的任務。

目前，台灣的國防戰略規劃是按現行有限的資源條件、客觀的國際環境和兩岸關係，以及地理條件限制為基礎，積極尋求保衛台灣安全的措施。近日以來，台灣與美國在軍事合作項目上，有明顯的質量提升，但是雙方卻同時面臨一個重要的課題，即一旦中國用武力犯台，台灣要和美國一起併肩作戰，或者雙方各打各的，甚至台灣軍隊站在一旁，委由美軍獨立作戰。此外，台灣現在的財政狀況是否有能力符合美方的要求，採購各項提升戰力所需的裝備，也成為嚴重的限制。

整體而言，對美國繼續維持台海地區和平與穩定的最大挑戰在於，美國如何保持嚇阻中共犯台的優越軍事實力，並防範台北方面祭出台獨的冒進行動，挑釁中共的底線；同時美國還可以在此動態平衡的基礎上，擴大與中共發展多面向的建設性合作關係。基本上，美國不僅要維持其在亞太地區的軍事嚇阻能力，也要與台北發展有限度的外交與軍事合作關係，並隨著警告台北走向台獨的嚴重後果。近日以來，美國方面透過多種的管道，明確地告知民進黨政府，有關美國處理台海問題的政策底線。同時，其亦勸告台北當局應把更多的精力放在提升經濟競爭力的議題上。畢竟，台灣的經濟實力越弱，其能與中共協商談判的籌碼與信心也就越單薄。換言之，美國方面已經開始重新評估，台灣在面對綜合實力日益崛起的中國時，其是否仍然擁有配合美國操作台海「動態平衡」的基礎能力，並成為有利於美國亞太戰略佈局的正面因素。

備忘錄 九五

陳水扁陣營操作「兩岸三邊牌」的困境

時間：二〇〇三年四月二十日

去年五月八日，國民黨主席連戰針對二〇〇四年的總統大選，揭示國民黨將以「國親合作」為基礎，推動第二次政黨輪替。扁政府隨即意識到，一旦「泛藍軍」在總統大選上能整合成功，其尋求連任將會陷入苦戰。因此，以陳水扁為核心的「泛綠軍」積極地展開部署，企圖運用執政的優勢，在台灣內部、兩岸互動、亞太地區，以及對美國關係上，透過「區域安全、經濟合作、民主政治」三項議題，創造並累積總統大選的籌碼。

在台灣內部方面，陳水扁陣營的策略目標是促使「國親合作」破局，讓民進黨繼續享有相對多數的優勢；在兩岸互動的領域上，扁政府計劃逐步地推出經濟開放的措施，引誘中共落入「以通促獨」佈局，使民進黨既可贏得「中間選民」的支持，又可保有「基本教義人士」的選票；在亞太地區方面，扁政府意圖爭取日本右翼輿論及政界人士的支持，並積極推動南向政策。尤其值得注意的是，扁政府更把爭取連任的工作重點放在美國身上。其一方面向美方強調，民進黨長期主張的「一邊一國」政策路線，符合美國在亞太地區的戰略利益；同時，扁政府亦積極向美方爭取恢復五〇年代「中美協防機制」的軍事合作關係；此外，其亦運用「台灣連線」的美國國會議員，敦促美國國務院重新檢視「上海公報」的基本前提，並正視台灣政治民主化後的政治現實。整體而言，陳水扁陣營認為，只要在未來一年多期間，美國公開表示願意與台灣強化軍事合作關係，並與台灣進行「美台自由貿易協定」的洽簽談判，同時還強調台海地區仍然擁有基本的和平穩定，屆時，扁陣營在總統大選的競逐上即可贏得優勢。

然而，現階段的情勢演變已經讓陳水扁陣營的佈局逐一地破功。「國親合作」的成局首先使「泛綠軍」，在選民結構比例上處於劣勢；中共方面認為陳水扁若沒有「消化」台獨勢力的能力，其也就沒有「打交道」的價值；此外，對於目前正忙於處理「反恐戰爭」、朝鮮半島核武威脅，以及攻打伊拉克等難題的美國而言，其需要中共支持的程度遠遠超過預期。相形之下，陳水扁陣營想用美國壯聲勢的如意算盤落空，顯然已經讓扁陣營操作的「兩岸三邊牌」，陷入進退維谷的困境。

備忘錄 九六

台海風雲將隨總統大選再起

時間：二〇〇三年四月二十五日

四月十八日上午，國民黨與親民黨共同組成的「政黨聯盟委員會」，正式決議共推「連宋配」，參選中華民國第十一任的總統及副總統。連戰強調，國親兩黨明年勝選後，將組成堅實的執政團隊，達成捍衛憲法、振興經濟、杜絕黑金、尊重專業、改善兩岸關係、縮短貧富差距、重整教改、健保、金融，並遏止國家債務無限膨脹等十項承諾。此外，宋楚瑜亦宣示「國親聯盟」的三項承諾，強調國親合作不是舊體制復辟；不是權位的交換；國親會基於台灣優先、台灣全體人民的利益優先、堅持中華民國的憲法和法律規定，尊重兩岸政治及經濟現況，務實處理兩岸關係。

綜觀近期以來國內主要媒體及朝野政黨內部，針對明年總統大選，在藍軍與綠軍分別只推出一組人馬參選的情況下，其所做出來的民意調查結果顯示，藍軍以平均百分之四十左右的支持率，暫時領先綠軍的百分之三十五左右支持率。陳水扁陣營瞭解到，台灣的民意光譜中有百分之七十的比例，支持兩岸直航及開展兩岸的經貿合作關係，因此特別提出應變計劃，包括：（一）運用四月上旬的新加坡大學研討會，安排辜汪會面，為扁陣營開展兩岸直航鋪路，並累積總統選舉的加分效果，爭取中間選民的支持；（二）六月中旬，在台北召開「亞太民主聯盟」國際安全研討會向台灣的中間選民及基本教義人士，展現其強調台灣主權及國際民主聯盟的地位；（三）運用訪問中美洲國家之便在美國過境，伺機前往美國華府的國會山莊演講，凸顯突破中共打壓，爭取美國全面性支持的能力，並為其日後宣布競選總統搭檔鋪路，而其目標，是穩住百分之三十的基本盤，搶攻百分之二十的中間選票。

不過，陳水扁陣營的規劃，在四月上旬的新加坡「辜汪會」破局後，顯然已經出現步調混亂的跡象。陳水扁必須決定其是否要參加五月十一日，由李登輝擔任總領隊的「台灣正名運動」大遊行；同時，其亦必須在林義雄主辦的五月十九日「核四公投運動」大遊行中表態。倘若，陳水扁決定投入這兩場象徵台獨基本教義的活動，其也將走向「台灣中國、一邊一國」的路線，並將總統大選的基調，定位在「台灣獨立」的公民投票，而這項發展趨勢也將應驗今年二月十二日，美國中情局長譚納在參議院聽證會的研判，當陳水扁為了想鞏固其基本盤，可能會提出「公投台獨」的主張，並導致台海地區陷入劇烈的不穩定狀態。

備忘錄九七

美伊戰爭對共軍的啟示

時間：二〇〇三年四月三十日

歷時接近一個月的美伊戰爭，在聯軍攻佔巴格達後，已經大致底定。根據美軍最新公佈的資料顯示，美伊兩國開戰至今，美軍向伊拉克投擲了一萬五千枚精準制導武器，包括七百五十多枚巡弋飛彈，而且美軍從頭到尾都掌握了制空權，但是美軍仍然必須要發動地面攻勢，才能夠迫使海珊政權就範。此外，美軍在執行這場戰爭時，高度地運用太空技術。其透過人造衛星、空中無人飛機、空中預警機等，大量蒐集資訊，並將資訊綜合整理，做為提供美軍在戰場上發動先制攻擊的指南。在美軍轟炸伊拉克的過程中，美軍曾經多次誤炸伊軍的假目標。但是，隨著其掌握高技術條件下的作戰偵察、監視特點、雷達技術，以及精準制導武器的改進後，其亦充份而且正確地達成戰略性轟炸的目標。四月中旬，共軍研究人員劉定平曾經撰文指出，經過十二年前的波灣戰爭、一九九九年科索沃戰爭，以及阿富汗戰爭，中共已初步掌握美軍現代化的特點。劉員表示，共軍的戰略規劃將空軍從國土防空轉變成攻防兼備；海軍從海岸防禦轉變為近海防禦，陸軍則發展到已經擁有合成集團軍；飛彈部隊也由「核打擊力量」，變為「核加常規打擊力量」。劉定平強調，共軍將能從這次的美伊戰爭再次得到啟示。今年四月八日，華府智庫「詹姆士城基金會」及國際前鋒論壇報，分別發表專論文章，剖析共軍將從這次的美伊戰爭中，得到那些啟示，其要點如下述：

第一、中共軍事科學院的專家指出，這次的美伊戰爭讓美國有機會實驗各項新式的武器和戰略。為因應美軍軍力發展的新趨勢，第四代的解放軍將修正其「打贏高技條件下的局部戰爭」的戰略，並針對特定的項目，包括飛彈、太空科技、電子偵蒐，以及資訊戰等，增加經費的提撥，以加速研究發展和建軍部署的腳步。在戰役的進行過程中，中共的軍事專家曾經就美國的戰斧巡弋飛彈，精準制導炸彈、愛國者反飛彈系統，以及阿帕契攻擊直昇機等，進行其綜合戰力的分析。共軍的專家發現，俄羅斯發展出來的反電子戰機制，曾經有效地干擾美國的全球衛星定位導航系統，並導致精準炸彈及巡弋飛彈失靈。此外，共軍專家亦發現，伊拉克部隊運用不對稱性的戰略，針對美軍的弱點，給予相當程度的打擊，並有效地牽制聯軍進攻巴格達的速度。

第二、毛澤東的人民戰爭策略，在這一次的美伊戰爭中，亦成為伊拉克部隊運用的戰法之一。伊軍與伊拉克人民融合在一起，成為整體對抗美軍入侵的游擊戰力量。在戰爭的初期，伊軍運用民兵的動員及宣傳機制的支援，有效地鼓動伊拉克人民對抗美軍的戰鬥意志。但是，伊拉克的政治領導中心在戰爭的過程中，無法持續而穩定地讓民兵游擊隊，獲得作戰意志的鼓勵，因此，隨著美軍的優勢武力和綿密猛烈的轟炸，伊拉克的游擊戰陷入群龍無首的困境，並逐漸地瓦解崩潰。

第三、美伊戰爭中，美軍所展現的優勢軍力已經讓共軍的戰略規劃者，產生高度的危機意識。今年在全國人大通過的共軍預算，只增加了百分之九點六，是近五年來國防預算增幅最小的一次。當中國大陸的文人戰略分析人士和軍方的將領，看到美軍在伊拉克所展現的強大軍力和優越的戰略，紛紛表示，共軍的預算有必要增加，以提升整體的戰力，並縮小美軍與共軍間懸殊的軍事能力差距。此外，今年年初，中共中央軍委會原有意裁軍五十萬人。但是，共軍的戰略規劃者在目睹美軍的戰力後，認為精良訓練的地面部隊與先進的飛彈和高科技武器同樣重要。因此，其將建議中共中央暫緩有關裁軍五十萬的計劃。至於軍事裝備及武器的研發生產方面，共軍認為，其應該加強學習美國軍工企業發展的模式，由政府部門主導，在能源、電子設備、通訊設備，以及軍事基礎建設的部份，成立戰略性的核心發展計劃，為厚植整體性的軍力，奠定源源不斷的供應基礎。

第四、在這一次的美伊戰爭中，共軍的觀察人士發現，美伊雙方都在運用心理戰及媒體戰，來追求軍事性及政治性的目標。同時，其亦積極地透過公開的記者會，向全世界人士爭取支持，並意圖在敵人的後院（國內）開闢反戰人士與政府對立的戰場。北京的戰略規劃者亦開始思考，如何建構一套心理戰與媒體戰的策略，以因應一旦中國大陸發生局部性的國際衝突或戰爭時，共軍能夠贏得國內民心和國際人士的支持，同時還可以運用優勢的軍力，配合心理戰

備忘錄 九八

大陸經濟面臨SARS疫情衝擊

時間：二〇〇三年五月一日

四月十七日，中共國務院統計局長姚景源表示，今年第一季大陸國內生產毛額為二兆三千五佰六十二億人民幣，成長率達百分之九點九；其中第一產業增加百分之三點五；第二產業增加百分之十二點三；第三產業增長百分之七點六。在對外貿易方面，今年首季出現十億美元的貿易逆差，進出口總額達到一千七百三十七億美元，成長率百分四十二點四。姚景源指出，大陸經濟快速增長，帶動能源和原材料的進口需求；消費結構的升級，也增加對國外商品的需求；加上中國大陸履行加入世貿組織承諾而進一步開放市場，預計未來進口將持續成長。至於目前正流行的SARS對今年大陸經濟的影響，姚景源認為，一定會產生影響。在同一天，中共中央政治局常務委員會召開會議，專門討論防治SARS工作。胡錦濤指出，做好SARS的防治工作，關係到群眾的身體健康和生命安全，關係中國大陸的改革發展穩定大局。據大陸衛生部公佈的SARS病例統計，截至四月二十一日，大陸病例累計為兩千零一例，死亡九十二例。目前，西方觀察人士普遍認為，SARS疫情是中共十六大後，中共中央首次面臨的嚴重挑戰。近日以來，包括遠東經濟評論、美國商業週刊、倫敦金融時報、華盛頓郵報、華爾街日報等西方主要媒體，以及太平洋論壇的電子報，都相繼針對SARS疫情對中國大陸經濟發展的衝擊提出剖析，其要點如下：

第一、亞洲主要國家和地區的領導人，包括中共、香港、新加坡和台北等，都被迫面對一個新經濟危機的形成。SARS對航空、旅遊、餐飲業的立即衝擊已經顯現，更重要而且長期的問題是，外資是否會開始離開，例如微軟的X—BOX遊戲機代工生產，已經決定全部轉移到墨西哥的工廠，而這種趨勢是否會動搖東亞地區的經濟模式，殊值關注。目前亞洲地區各大企業的負責人已經開始作最壞的打算。截至四月十九日止，全球感染病患超過三千七百人，死亡人數已達一百八十四人。世界衛生組織已經對香港和廣東發出旅遊警告。儘管醫學界仍不確定SARS的危險程度，但是恐懼因素就足以重創亞洲經濟。香港和新加坡這兩個國際企業中心，幾近癱瘓，大陸製造商將損失上百億美元的訂單；經濟學者估計，東南亞主要經濟體的年成長率，將減少百分之一點五。若疫情長期發燒，跨國企業可能會重新評估有多少生產真的必須在亞洲進行。屆時，中國大陸東南沿海地區、香港，和新加坡等的生產製造、金融貿易產業，將會面臨更大的挑戰。

第二、儘管大陸官方公佈的第一季經濟成長率高達百分之九點九，但是，SARS疫情在大陸地區的蔓延情況，將成為影響今年大陸經濟增長的關鍵因素之一。遠東經濟評論指出，SARS已經讓中國大陸損失二十二億美元，居亞洲國家之冠。倘若疫情未能在短期內有效控制，其將嚴重衝擊中國大陸的內需經濟。就像即將到來的「五一長假」已經名存實亡，各航空公司紛紛自四月起，大幅削減飛往大陸航班，一些重要的景點旅客也銳減。這種狀況將嚴重打擊大陸賴以創匯及增加就業率的觀光業和消費零售業。

第三、根據香港政治經濟風險顧問公司的調查報告指出，在亞洲，中國大陸醫療保健系統的排名為倒數第二名，只比印尼好一些。大陸政府對危機反應遲鈍導致疫情蔓延，更是為人所詬病。雖然ＳＡＲＳ目前對大陸總體經濟的影響仍然有限，美商投資銀行高盛公司的中國經濟首席分析師胡祖六博士即指出，像中國大陸這麼大的經濟體，短期的影響可能微不足道，但他擔心的是長期的衝擊，包括國際間對中共政策透明度的看法。相較於香港和新加坡的草木皆兵，大陸氣氛相對平靜的原因之一，是國營媒體不斷告訴民眾政府已經「控制疫情」，但事實不然。不少外資企業的人士即表示，地方政府隱瞞實情的作為，讓中國大陸在亞洲的聲譽大打折扣。中國大陸希望成為亞洲地區的領導者，但是，這種隱瞞疫情，反應遲緩的態度，並不是亞洲領導者該有的作風。根據世界衛生組織的工作小組表示，中共當局已經同意其進入大陸調查疫情。此外，胡錦濤、溫家寶兩人都前往疫區和醫院視察，而副總理吳儀則連續接見世界衛生組織的專家，表達中共願意與世界衛生組織合作，共同阻止疫情擴大。

第四、目前，許多在中國大陸設廠的跨國企業總部已經正式啟動了應變計劃，例如在大陸有鉅額投資的摩托羅拉公司，按美國國務院所規範的原則，限制其員工赴疫區旅行。倘若ＳＡ

備忘錄 九九

美伊戰後的「中」美互動趨勢

時間：二〇〇三年五月五日

四月二十八日，美國、北韓、中共在北京舉行的三邊會議正式結束，南韓的「中央日報」指出，北韓在三邊會議中提議，北韓願意放棄核武計劃，作為和美國簽署互不侵犯條約，以及雙方經貿關係正常化的交換條件。隨後，南北韓在第十回合的部長級談判中，雙方再度強調，希望能以和平方式解決朝鮮半島的核武危機。美國的東亞事務助卿凱利（James Kelley）表示，在北京舉行的美「中」北韓三方會談能夠順利達成協議，主要是由於中共積極地參與斡旋，並鼓勵北韓接受美國所提出的交換條件。美國方面瞭解到，中共是北韓最親密的盟邦，而北韓長期以來，不論是在經濟上、能源上，以及軍事技術上，都依賴中共的支持與援助。因此，美國在過去的三個月間，即努力地爭取中共方面的配合，共同來化解朝鮮半島的緊張情勢。美伊戰爭順利結束後，中共方面對美國的優勢軍力印象深刻，同時對於美國鷹派主張運用嚇阻策略，甚至不排除直接對北韓核武設施進行攻擊的可能性，亦不敢掉以輕心。換言之。北京當局為避免被迫捲入朝鮮半島的戰爭，造成延緩經濟發展的重大代價，隨即在美方的提議下，接下主辦三邊會談的任務，並展現出充份與美國配合的誠意。基本上，美國與中共的互動氣氛，在共同執行反恐戰爭的合作架構下，有日益熱絡的趨勢。美伊戰爭後，美「中」雙方在國際事務上的合作面，顯然已經超過了競爭面。今年四月中旬，美國華府重要智庫「戰略與國際研究中心」的「太平洋論壇」東亞雙邊關係電子季報，即發表數篇專論文章，深入剖析美伊戰後的美「中」互動及東北亞安全形勢，其要點如下述：

第一、自今年年初開始，美國為了執行對伊拉克解除大量毀滅性武器的行動，以及因應日益升高朝鮮半島核武危機，試圖加強與北京之間進行高層的戰略性互動，以建立雙方針對前述兩項議題的合作基礎。在此期間，布希總統曾經親自致電給江澤民及胡錦濤，表達爭取支持的態度；國務卿鮑爾亦曾經親赴北京進行溝通，並數度在紐約的聯合國大會場合，與大陸外長唐家璇進行諮商；美國貿易代表佐立克也曾到北京訪問，並針對雙方在世貿組織的議題合作、大陸的經濟改革、美「中」雙邊貿易事項，以及全球性的經貿議題等，進行深度的協商和對話。此外，美「中」雙方舉行了第三次反恐合作會議，以及第二次的「反恐洗錢機制」會談，具體地提升雙方共同執行反恐戰爭的合作程度。

第二、當美國全力執行對伊拉克的反恐戰爭時，美國亦同時啟動了美軍在東北亞的應變計劃，其中包括駐在關島的B—戰略轟炸機，隨時準備出動對北韓的核子設施進行轟炸。此外，美國亦要求北京當局在朝鮮半島議題上多用點力，以保障朝鮮半島非核化的共同利益。不過，北京方面主張朝鮮半島的問題，應由美國與北韓舉行雙邊會談來處理，而美國方面則希望北京能夠參與多邊會談，並保留日本、南韓、俄羅斯等國參與的空間。在美伊戰爭結束後，布希政府內部的主戰人士有意一舉推翻金正日政權，並照會北京爭取其支持。北京方面卻認為北韓的動盪，將會影響北京操作南北韓均勢的空間，因此決定出面參與三邊會談，並阻止美國對北韓採取先制的攻擊行動。

第三、朝鮮半島的核武危機已經引發日本內部新一輪的核武化辯論。美國喬治華盛頓大學的沈大偉教授即指出，如果美國與中共無法合作處理北韓核武化的問題，恐將導致日本核武化、南韓核武化，以及台灣核武化的嚴重後果。基本上，北京方面對於日本的核武化具有高度的戒心，並且堅決的表示反對的態度。美國方面雖然在政策上仍然反對核武的擴散，但是，在美國的國會卻已經出現支持日本發展核子武器的聲音。當美伊戰事結束後，美國方面主動向北京方面強調，如果北京不願意出面阻止北韓的核武計劃，其後果可能會造成日本核武化，而此項發展也絕對不是北京當局所樂意看到的方向。

第四、美國在發展與北京的雙邊關係時，除了軍事安全的戰略性議題外，亦積極地就有關經貿互動的項目，進行密切的協商與談判。二〇〇二年，美「中」的雙邊貿易額高達一千五百億美元，而大陸對美國的出超金額是九百八十億美元。現階段，美國將加速開發大陸的汽車市場、零售服務連鎖店市場、保險業市場，以及金融服務業市場等。此外，美國也將會加強與大陸就有關生物技術、智慧財產權、金融機構資本額條件等議題，繼續地與北京當局進行協商，

備忘錄一〇〇

台美軍事合作的挑戰與契機

時間：二〇〇三年五月九日

今年四月下旬，美國國防部派出代表團抵達台北，觀察我國的「漢光十九號演習」。這個代表團的成員，包括前美軍太平洋總部司令布萊爾、國防部長及參謀首長聯席會議官員、美軍太平洋總部官員，以及美國在台協會軍事組成員等，共有二十餘人，是歷年來規模最大的一次。自九六年台海飛彈危機後，美方主動要求與我國國防部進行戰略對話，並且開始派員來台觀察我國的漢光系列三軍聯合作戰演習。基本上，美國方面的作為，已將我國國軍的整體戰力，包括理念、意志、訓練、裝備、人員素質，以及軍事戰略等項目，列為瞭解重點，俾做為調整其東北亞應變計劃的參考。

與此同時，美國方面亦透過各種管道，向我國政府施加壓力，要求我國加速推動對美的軍事採購行動，其中包括四艘紀德級驅逐艦、十二架P－3C反潛飛機、八艘柴電動力潛艦、六套愛國者三型反飛彈體系、二套長程預警雷達系統等，總計金額高達新台幣六千億元以上。然而，以我國目前財政狀況觀之，此項國防經費的支出，無異將造成國庫沉重的負擔，並促使已經相當嚴重的政府財政赤字，雪上加霜。面對美國的壓力，我國國防部門的負責人，在思考規

備忘錄 一〇一 **美國操作兩岸關係的動向**

時間：二〇〇三年五月十五日

五月十三日，美國國務院副助理國務卿薛瑞福表示，美國今年將「公開而清楚」表達支持台灣成為世界衛生組織（ＷＨＯ）大會觀察員。隨後，美國衛生部長湯普森亦強調，其將在第五十六屆世界衛生大會中，發言支持台灣以觀察員身份出席年會。由於ＳＡＲＳ疫情在台灣持續擴大，各國此次對我國參與ＷＨＯ的訴求，多半予以同情，再加上美日和歐盟執委會，均已針對我國申請參與事誼，給予不同程度的支持，因此，大陸方面為了防阻我國在ＷＨＯ的國際活動空間上有所突破，亦派出副總理兼衛生部長吳儀領軍，運用柔性的訴求與數據，指責台灣官方有意利用ＳＡＲＳ為機會，加強台灣的「外交關係」，進而分裂中國國家主權。不過，據華府人士表示，美國已經在五月上旬，告訴大陸外交部副部長周文重，「中國反對台灣以觀察員資格參加世界衛生大會是沒有道理的」。此外，美方人士亦強調，觀察員是世界衛生大會的最低身份，並不涉及主權國家等爭議，美國的支持也沒有違反美國的「一個中國」政策。基本上，美國與大陸之間的互動關係，雖然逐漸傾向於「合作面大於競爭面」的格局，但是，雙方針對「台灣問題」的分歧利益，仍然沒有明顯的改變。今年三月中旬，美軍太平洋總部智庫「亞太安全研究中心」（Asia-Pacific Center for Security Studies），發表一份題為：「China's Response to U.S. Security Policy」的研究報告。隨後，華府智庫布魯金斯研究所，亦發表一篇題為「Cross-Strait Relations: A Time for Careful Management」的文章，分別就有關美國操作兩岸關係的動向，提出專業性的看法，其要點如下述：

第一、美國與中國大陸的互動關係，現階段雖然有逐漸增強的傾向，而雙方之間的合作性議題，隨著美國執行反恐戰爭的腳步，亦有日益強化的實質內涵。但是，大陸方面對於布希總統的若干重大安全政策措施，仍然抱持負面的看法及評價。基本上，中共方面對於布希政府憑藉其優勢的軍力，遂行其「單邊帝國主義」的政策，充滿疑懼與不安。同時，中共方面對於美國的「先制攻擊」政策，以及「不排除率先使用核武」的措施，亦表示無法認同，因為，中共方面認為這些做法將會造成更加不穩定的國際社會。此外，中共方面指出，美國所推動的「國際飛彈防禦體系」，以及其將準備結合亞洲國家，共同構築飛彈防禦網的做法，勢將嚴重威脅大陸的安全。因此，中共方面也將以部署更多的彈導飛彈，做為因應威脅的反制措施。換言之，中共方面對於美國明顯增加支持台灣的動作，包括雙方的軍事合作等，隨時保持高度的警戒。

第二、美國方面對於兩岸雙方各自堅持主權的立場，有非常明確的瞭解。因此，美國方面對於兩岸恢復制度化的協商管道，或者在二〇〇四年以前，落實兩岸直航的目標，並沒有太多樂觀的期待。目前，陳水扁政府在面臨在野黨逐漸整合的新形勢下，已經陷入苦戰。去年八月三日，陳水扁公開提出「台獨傾向」的「一邊一國論」，其主要目的即在於鞏固其基本盤，因為陳瞭解，沒有基本盤的財力支持和選票挹注，想連任無異緣木求魚。但是，當陳水扁提出「台獨傾向」政策立場之後，其也因此失去與中共方面協商改善兩岸互動關係的機會。

第三、目前美國操作兩岸關係的基本立場，仍然是以維持「台海穩定」，以及「避免台海衝突」為主軸。至於美國在最近的一年內觀察台海形勢變化的重點則包括：（一）二〇〇三—〇四總統大選競選期間，各個政黨主要候選人對於國家定位及兩岸關係政策的言論方向；（二）二〇〇四年總統大選勝利者在就職演說中，針對國家定位、大陸政策，以及兩岸互動關係內涵的發言；（三）二〇〇四—〇五年，台灣的新政府是否能夠與大陸方面，恢復一九九〇代初期，雙方所擁有的秘密及公開的溝通管道，並進一步針對實質性的議題，尤其是通航的措施，取得具體的進展。

第四、美國方面針對兩岸間日後勢將開展互動關係，有必要採取下述的措施，以保護美國在此地區的長遠利益：（一）兩岸直航的迫切性日益明顯，美國可以鼓勵大陸方面採取較具彈性的辦法，讓兩岸直航談判能夠順利進行；（二）美國應敦促俄羅斯慎重考慮輸出高科技武器及技術給中共的後果，因為，中共軍力的明顯提升勢將造成對美國及東亞地區國家的具體壓力；（三）美國對於中共方面提出的「撤飛彈換減軍售」建議，必須從更廣的角度來思考回

備忘錄 一〇二 美國智庫對中共軍力的評估

時間：二〇〇三年五月三十日

五月二十七日，大陸國家主席胡錦濤與俄羅斯總統普丁，在莫斯科舉行高峰會議，並重申雙方的「戰略協作夥伴關係」。會議中，胡普不僅簽署了一項價值十億八千萬美元的「中俄油管計劃」，同時，雙方亦鎖定如何強化軍事技術合作的軍售關係，進行深度的討論。中共軍方為了因應美軍在第二次波灣戰爭中，所展現出來的軍事科技發展趨勢，已經針對特定的項目，包括巡弋飛彈、太空衛星技術、電子偵蒐、潛射飛彈，以及資訊作戰等，加強從俄羅斯引進新的技術與裝備。此外，共軍亦著手建立類似美國軍工企業發展的模式，由政府部門主導，在能源、電子設備、通訊設備，以及軍事基礎建設的部份，成立核心發展計劃，進一步厚植整體的軍事實力。隨著中國大陸經濟實力的逐年成長，以及外匯存底的快速累積，現階段中共軍力的擴張，呈現出明顯增強的趨勢。尤其是在嚇阻美國直接介入台海戰事的軍事能力強化措施上，更是令人不敢輕忽。同時，共軍對於美國積極部署的國家飛彈防禦體系，亦保持高度的戒心，並計劃加速發展足以保持核武反擊能力的洲際彈導飛彈，以為因應。今年的五月二十三日，美國智庫「外交關係協會」（Council on Foreign Relations）即發表一份，由該協會組成的獨立研究團隊，並請前任國防部長布朗（Harold Brown）和前任美軍太平洋總部司令普赫魯（Joseph Prueher）共同領軍，針對中共軍力實況所研撰的分析報告，其內容要點如下述：

第一、中國大陸是一個逐漸崛起成長的亞太區域強權。然而，從客觀的角度剖析，中國大陸與美國在亞太地區的軍力對比，仍然存在相當程度的差距，其中包括在海軍、空軍，以及科技層面的軍事能力方面，美軍明顯地擁有二十年左右的領先優勢。換言之，在未來的二十年間，美國的軍事能力仍然可以有效地嚇阻中共在亞太地區的軍事冒進行動。目前，中共方面正積極針對台灣海峽地區，進行軍事武力的部署，以期能夠影響台北方面做出有利於中共的政治決定，並防阻台灣方面冒然地宣佈台灣獨立。一旦台海地區爆發軍事危機，而美國決定出動海軍與空軍支持台灣並與中共開戰，美軍雖然擁有相當的軍力優勢，但是卻也必須付出重大的代價。因此，如何嚇阻並降低台海地區爆發軍事衝突的可能性，才是美國在此地區最重要的戰略目標。

第二、對於中共軍力發展評估，美國必須以客觀的態度，隨時掌握中共軍力變化的動向，以及其實力的消長趨勢。任何高估中共的軍力，或者低估中共的軍力，都將不利於美國自己本身的戰略規劃與利益。一旦美國及其亞太盟國高估共軍的能力，其將可能會刺激並引發亞太地區的軍備競賽；倘若美國低估了中共軍力，也可能造成美軍及其盟國，在面臨中共軍力威脅時，出現措手不及的窘境。目前美國應特別注意中共與俄羅斯軍方間的軍事技術交流合作內容，包括指管通情電偵能力（C4ISR）、聯合作戰能力、精準打擊能力、戰鬥支援能力，以及空軍戰鬥訓練的紮實程度等；其次，美軍必須對共軍的軍力發展內容，包括兩棲作戰運兵船、海軍陸戰隊、空中兵力投擲運送能力、跨海空中武力、潛射洲際彈導飛彈打擊能力、多彈頭洲際彈導飛彈打擊能力，核武使用準則、巡弋飛彈發展，以及雷射殺手衛星能力等，做客觀而正確的實力評估。

第三、當前共軍的軍事戰略目標有四項：（一）保衛國家主權與領土完整；（二）防阻台灣獨立；（三）嚇阻美軍介入台海戰局；（四）提升中共在亞太地區的國際威望。針對台灣方面的軍事準備，中共的戰略規劃傾向於運用恐嚇性的軍力，迫使台灣與大陸進行政治性談判，並使台灣接受中共方面所提出的條件和安排。一旦台灣宣佈獨立，中共方面也可能會在明知美軍在台海地區具有優勢軍力的狀況下，對台灣直接採取軍事行動。換言之，美國為了達到和平解決台海爭端、避免台海爆發軍事衝突，並迫使美國付出重大代價的戰略目標，勢有必要向北京展現出，不支持台灣單方面宣佈法理上獨立的明確立場；同時，美國也必須向北京表示，美國擁有優勢軍力嚇阻共軍冒然對台動武的決心與準備。與此同時，北京方面也將會向美國展示，其將有能力對美國的飛彈防禦體系，發動「第二擊」的能力。據此觀之，台灣問題在沒有獲得妥善處理與解決之前，美國與中共間有可能會因彼此的誤判，而陷入對抗性的惡性循環軌道。因此，目前美國對中共進行先進軍事科技的出口管制措施，仍然是具有價值的。

備忘錄 一〇三 **中共軍事現代的挑戰**

時間：二〇〇三年六月十日

今年五月下旬，中共軍方發射第三顆「北斗一號」導航定位衛星，形成一套全天侯、全天時的區域性衛星定位系統，打破中共長久以來依賴美國全球衛星定位系統（ＧＰＳ），為其在台海部署的四百枚戰術導彈進行導航的局面。隨後，在六月下旬，美國的情報單位證實俄羅斯媒體報導，中共軍方將於未來數週試射三枚飛彈，包括射程長達八千公里的「東風三十一型」機動洲際彈道飛彈、射程達二千公里的「東風二十一型」中程彈導飛彈，以及「巨浪二型」的潛射洲際彈導飛彈。此外，北京外交圈的國防武官亦傳出，中共軍方正積極地展開規劃，準備裁軍五十萬、七大軍區改組為五大軍區，並加速推動軍事事務革新的腳步，以縮短共軍與美軍在執行高科技作戰能力的差距。據瞭解，中共軍方的領導人在觀察美軍執行對伊拉克戰爭時，對於美軍所展現出的驚人戰力，確實印象深刻，並且意識到一種危機感。當紐約智庫外交關係協會新出爐的報告，坦白地指出共軍的戰力落後美軍二十年的研究結論，更促使中共軍方的戰略規劃人士意識到：共軍有必要在「不對稱作戰」能力的強化上，急起直追。但是，這項提升全面性戰力的軍事現代化工程，絕非一蹴可及，而必須按部就班地累積實力。今年年初，美國的中共軍事專家沈大偉博士（David Shambaugh）即針對中共軍事現代化的挑戰，發表一本「Modernizing China's Military: Progress, Problems, and Prospects」的專書，深入剖析其中的困難，現謹以要點分述如下：

第一、共軍為了要客觀瞭解美軍的戰力，在總參部門及軍事科學院成立「觀戰中心」，密切監控美軍執行阿富汗戰爭，以及波灣戰爭的動態。共軍發現美軍戰力的特點包括：明顯地增加資訊戰及電子戰的比重、巡弋飛彈的準確度亦大幅提升，以及被攻擊的目標對攻擊的來源地，根本沒有接近反擊的能力。此外，美軍的長程戰略轟炸及精準打擊能力，在結合特種部隊的即時戰場情報，和無人偵察機的深入蒐情能力，已經徹底地改變了傳統的作戰方式。更重要的是，共軍對於美軍執行阿富汗戰爭及波灣戰爭的評估，與實際發展的狀況，呈現出相當大的落差。這項判斷能力的誤失顯示，共軍對於高科技戰爭的實際執行層面，其瞭解的程度仍然相當有限。換言之，在共軍的認知範圍內，美軍將會陷入阿富汗及伊拉克的戰場泥淖中，但是事實的發展卻完全出乎共軍的預料之外。美軍執行高科技作戰的能力，已經遠遠超出共軍所能夠想像的程度，這項發展已經為共軍設定軍事現代化的目標，增添更多難度與變數。

第二、目前共軍的作戰指導綱領及訓練準則，都朝向執行「高技術條件下的局部戰爭」為目標。在這項原則與評斷標準之下，共軍現代化過程中有待克服的困難包括：（一）缺乏聯合作戰的指揮體系和兵力部署架構；（二）各個軍種之間缺少執行聯合作戰的訓練與能力；

（三）相對缺乏空中運補能力；（四）兩棲作戰的能力仍然相當有限；（五）缺乏全天候作戰能力的空軍；（六）目前僅擁有少量具有遠洋作戰能力的軍艦及潛艦；（七）對於反制電子戰或進行電子戰攻擊作為的能力不足；（八）資訊作戰的能力明顯落後；（九）後勤補給體系混亂；（十）面對巡弋飛彈精準打擊的防禦能力脆弱；（十一）各軍種對於吸收先進軍事科技與裝備的能力差異明顯；（十二）缺乏實兵演習的資源，導致戰力無法有效提升。整體而言，目前共軍士兵與軍官的教育程度，對於吸收高科技戰爭所需要的知識，仍然有很大的限制。

第三、共軍在提升其高科技作戰能力的規劃後，已經碰到結構性的瓶頸。首先是經費的難題有待克服，其中包括如何裁減軍隊人數以節省人事經費，並將資源轉移到提升戰力的項目；其次，共軍在研發雷射導引炸彈、電子戰反制設備、資訊作戰平台及電腦病毒、反衛星武器、高能微波武器、衛星偵察能力、高速通訊能力、潛射洲際彈導飛彈打擊能力、先進戰機、潛艦和水面作戰軍艦等，都碰到相當程度的技術困難。目前共軍積極透過俄羅斯、以色列、西歐國家等，引進技術或直接採購，但是仍然無法突破美國軍事技術禁運限制。現階段，美國與中共雖然已經逐漸地恢復了軍事性的交流，並且在反恐作戰、反毒品運銷、打擊南海水域的海盜，以及在北韓核武危機的議題上，進行積極性的合作。但是，美軍的主流意見仍然認為，共軍與美軍的軍事交流，不能夠讓美國的先進軍事裝備與高科技的作戰能力，落入共軍的手中。換言之，共軍想藉與美軍交流之便，加快軍事現代化速度的如意算盤，恐怕會落空。

備忘錄一〇四

美國與中共核子科技交流的動向

時間：二〇〇三年六月十五日

自「一九八九年天安門事件」以來，美國對中共持續採取高科技出口管制措施，同時，也對中共向伊朗、伊拉克、巴基斯坦、北韓等國家，輸出核生化武器設備、技術，以及彈導飛彈技術等，表示反對立場。然而，美國的高科技廠商眼見中國大陸市場商機，拱手讓給俄羅斯、以色列、英國、法國、德國，以及日本的高科技業者，已經對美國政府的管制措施，感到不奈及困惑，並紛紛要求政府部門重新檢討此項政策。去年年初，美國國會的「美中關係小組」，曾經舉辦聽證會，邀請國務院、國防部、商務部、海關總署的主管官員出席，提出各單位針對高科技出口管制政策執行的檢討。目前，美國政府對中共實施高科技交流及出口管制的項目包括：（一）核子武器擴散的相關技術與設備；（二）彈導飛彈的相關技術、設備，以及主要零件；（三）高功能的電腦設備及相關軟體；（四）生物化學戰劑的生產、製造、研發技術及設備；（五）犯罪控制的技術，例如指紋辨識系統；（六）能夠直接而明顯增強中共軍事能力的產品。然而，隨著朝鮮半島核武危機的日益升高，布希政府瞭解到，積極尋求中共方面的支持與配合，反而是有效化解朝鮮半島核武危機，以及降低亞洲地區核武擴散風險的關鍵。今年五月中旬，美國西雅圖智庫「國家亞洲研究局」（The National Bureau of Asian Research），發表一篇題為「Proliferation Risk Reduction in Asia: The Role of Cooperative Science and Technology Exchanges」的研究報告，即針對美國如何與中共進行核子科技的合作與交流，進而降低亞洲地區核武擴散風險，提出專業性的分析，其要點如下述：

第一、自從去年十一月間，北韓公開宣佈其將重新啟動研發核子武器的設備之後，朝鮮半島的緊張形勢隨即升高。其間，美國、中共、日本、南韓等主要國家，對於北韓的核武威脅，卻相繼提出分歧性頗高的意見。尤其是中共方面擺出順其自然的態度，頗令美國感到不解；至於日本方面，其甚至出現發展自主性核子武力的聲浪，無視美國積極推動的反核武擴散政策。然而，美國最擔心的是，一旦北韓的核武發展具體化後，其勢將刺激日本發展核武的誘因，當日本也擁有核武及彈導飛彈後，其必然會迫使南韓及中共加速發展核子武器，以維持其與北韓和日本間的恐怖平衡。此外，隨著中共的核武能力強化後，印度和巴基斯坦也將會為了維持其間，以及與中共之間的核子恐怖平衡，進而加速推動核武化的建軍措施。換言之，美國當局認為，倘若沒有對北韓的核武威脅進行有效的處理，整個亞洲將會陷入核武軍備競賽。

第二、美國方面瞭解到，中共對於北韓，不僅在政治上、經濟上、軍事上，甚至對於金正日本人的政策取向，都有相當具體而實際的影響力。因此，為了要達成化解朝鮮半島核武危機的目標，美國勢必要將中共納入支持反核武擴散的陣營，並透過核子科技的交流與互動，增加彼此的瞭解與合作，進而有效地降低亞洲地區核武擴散的風險。目前，美國的能源部已經開始與中共的相關部門，針對商業用途的核武技術出口，進行技術性的交流與協商。整體而言，美國希望與中共就降低核武擴散風險的合作，達成三項目標：（一）發展出對亞洲地區核武擴散風險的共識；（二）規劃核子和平用途的選擇項目，進而降低核武擴散的風險；（三）積極發展雙邊合作架構，進一步維持核子科技的交流與互動，使亞洲的核武擴散風險下降，換言之，美國在檢討與中共發展全面性的交流活動時，也必須把雙方的核子科技交流列入其中。

第三、美國在爭取中共的支持，具體執行「降低核武擴散風險合作」（ＣＰＲＲ）計劃時，其主要的策略有三項：（一）深入探討並瞭解亞洲國家，對於這項降低核武擴散風險合作計劃的真正觀感；（二）積極推動新的反核武擴散科技交流專案研究，進一步鼓勵亞洲國家對防止核武擴散做出努力與貢獻；（三）逐步發展整套的評估架構，針對美國與亞洲國家共同努力推動的反核武擴散目標，進行客觀的評估。去年六月間，美國政府部門在國會的聽證會中表示，美國仍然必須對中共是否違反核武擴散條約的行為，進行嚴密的監控。然而，當去年十一月間的北韓核武威脅出現，甚至演變到今年四月間，由中共出面化解朝鮮半島的核武危機。美國方面的主流意見認為，美國與中共進行核子科技交流，進而發展出降低核武擴散風險的合作，已經成為符合美國利益的策略。

備忘錄一〇五

人民幣的強勢貨幣潛力

時間：二〇〇三年六月二十日

六月六日，世界銀行在新加坡發表東亞經濟整合研究報告指出，中國大陸加入WTO後，將使其成為東亞經濟發展的重要動力；同時，中共和東協國家組織簽訂的自由貿易區協定，在二〇一〇年以前可以完成，屆時將形成全世界人口最多的自由貿易區。換言之，中國大陸融入全球貿易體系後，其龐大的經濟已經開放，並將在東亞的經濟整合上扮演核心角色。根據大陸官方的統計資料顯示，二〇〇二年，中國大陸吸引了五百二十七億美元的國際直接投資，首度超過美國成為世界吸引外資最多的地區。此外，截至二〇〇三年四月底，大陸的外匯存底金額已經達到三千億美元，僅次於日本居世界第二。至於國民生產毛額（GDP）方面，二〇〇二年大陸的GDP位居美國、日本、德國、英國、法國、意大利之後，名列世界第七。六月初在法國舉行的世界八大工業國會議，已經開始討論邀請中國大陸加入，組成世界九大工業國會議。隨著中國大陸的經濟實力快速地成長，人民幣也有逐漸形成強勢貨幣的傾向，五月二十九日發行的「遠東經濟評論」，即以專題報導深入剖析，人民幣隨著大陸經濟影響力向東亞地區擴張，已逐漸展現「新亞元」的架勢，但是，其是否能夠成為與美元、歐元、日元併列的強勢貨幣，仍須經過重重的考驗。現謹將專題分析的要點分述如下：

第一、人民幣隨著中國大陸與東南亞國家和地區，包括泰國、馬來西亞、新加坡、香港、印尼等，在經貿互動和人員旅遊往來，日益密切頻繁的狀況下，已逐漸在這些地區流通。多數金融專家認為，人民幣具有成為強勢貨幣的潛力，其主要理由包括：（一）中國大陸的市場快速成長，並形成世界主要出口產品的生產基地；（二）北京當局刻意地加速深化與亞洲地區的貿易關係；（三）中國大陸邊界地區使用人民幣交易的現象快速地增加；（四）北京當局把人民幣自由兌換列為其貨幣政策的目標；（五）大陸的內需市場快速地成長並擴大。香港金融界的專家人士普遍指出，中國大陸有豐厚的外匯存底及明智的經濟政策，做為支持強勢人民幣的後盾。這個地位是市場的供需力量所促成，絕非人為的操控所能夠掌握。

第二、大陸總理溫家寶表示，中國大陸維持強勢而穩定的人民幣匯率，將有利於整個亞洲地區的經濟發展。根據國際貨幣基金會的估計，排除日本地區，全亞洲區域內的貿易總額中，中國大陸就佔有高達百分之四十的數量，同時，在二〇〇二年的貿易總額成長率中，中國大陸市場也佔了百分之四十。換言之，隨著大陸在亞洲地區經濟實力的快速成長，北京當局也透過人民幣的匯率政策，做為鞏固並增強其在亞洲地區影響力的重要工具。美商投資銀行摩根史坦利公司的高層人士指出，中國大陸每年維持百分之八左右的經濟成長率，將有效地促進亞洲地區的貿易成長及旅遊業等的發展，同時，也將強化人民幣的兌換實力。這種逐漸形成的自由兌換能力，將使人民幣在未來的十至十五年以內，成為世界四種強勢貨幣之一。

第三、根據大陸外匯管理機構的主要負責人表示，目前在中國大陸境外流通的人民幣數量，估計約有三佰億元左右（三十六億美元），其分佈的地區包括香港、泰國、馬來西亞、寮國、新加坡、緬甸，甚至美國地區。這種現象顯示亞洲國家的人民對中國大陸的經濟發展愈來愈有信心。至於人民幣自由兌換的實施，目前尚未提出具體的時間表，不過，北京當局認為，貨幣自由兌換是綜合國力的展現，並已將其列為政策目標，但仍然要針對內部及外部政治經濟環境的實況及發展形勢，進行審慎妥善的評估後，才能夠全面的實施。基本上，北京當局仍然擔心，倘若外匯管制開放得太快，可能會造成資金快速外移的嚴重後果。儘管大陸現在已經擁有三千億美元的外匯存底，但是，其對於亞洲金融危機時各國的慘狀，仍然印象深刻。所以大陸當局傾向採取穩健的人民幣匯率政策，並不打算在短期內開放人民幣自由兌換。

第四、目前中國大陸擁有三千億美元的外匯存底及一千七百億美元的外債。整體而言，其國際金融的體質健全。不過，大陸的經濟前景是否能夠持續地維持高成長、是否能夠化解可能會出現的金融危機，都是考驗北京當局達成人民幣自由兌換目標的挑戰。倘若中國大陸的GDP能夠逼近日本，並維持穩健的經濟成長率，人民幣成為強勢的「新亞元」，也將會水到渠成。

備忘錄 一〇六

陳水扁的兩岸政策困境

時間：二〇〇三年六月二十五日

根據報導，大陸國家主席胡錦濤在接替江澤民，出任中共中央對台工作領導小組組長後，於六月中旬首度召開會議。在會議中，胡錦濤提出中共對台三項優先工作，其中包括排除美國干涉兩岸事務、加強兩岸交流，以及加強軍事準備因應未來可能的台海武力對峙。此外，胡錦濤強調，「沒有美國的支持，台獨絕對不可能發生」，同時胡亦讚揚布希在八國高峰會議前夕的會談中，做出「不支持台獨」的承諾。隨後，在六月二十一日，美國在台協會台北辦事處處長包道格，當面向陳水扁表示，美國嚴重關切台灣進行任何議題的公民投票。但是，美方向民進黨表達反對「公投」的態度，其不僅沒有遏止民進黨操作「公投議題」的企圖，甚至激盪出朝野人士傾向支持公投立法的氣氛，並且也為總統大選前的台海形勢，投下一個難以預測的變數。目前，陳水扁的支持率已經跌落到百分之二十七左右，而民眾對其施政的不滿意度，更高達百分之五十九以上。陳眼見形勢不妙，而美國也有意要調整立場，轉為中立觀望，因此，陳水扁決定挺而走險祭出「公投牌」，一方面刺激中共並逼美表態，另一方面則企圖激起台灣的政治自主性意識，為其垂危的選情，做出最後一搏。陳水扁這種遊走於戰爭邊緣的險棋，無非是希望能跳出兩岸政策搖擺的困境，但是多數美國智庫在近日出爐的分析報告卻認為，陳水扁已經陷入苦戰，其中尤其以美軍太平洋總部智庫「亞太安全研究中心」、華府「戰略與國際研究中心」的「太平洋論壇」、華府「布魯金斯研究所」，以及「美國大西洋理事會」的分析最具有代表性，其綜合要點如下：

第一、陳水扁政府在台灣執政已滿三年，但是，其卻無法具體振興台灣的經濟活力、凝聚朝野對大陸政策的共識，同時也無法展現出強而有力的領導效率；此外，在陳水扁的領導之下，台灣內部對國家認同和國家目標，也明顯地出現分歧擴大的趨勢。至於中共在處理兩岸關係的態度，反而展現出較以往有彈性，而且願意用較多的耐心來面對台海互動的複雜性。對於美國而言，布希政府已經瞭解到，中共在多項國際安全及經貿的重大議題上，對增進美國的利益有具體而明顯的影響，因此，美國決定積極地強化與中共的互動關係。當然中共方面也樂於見到美「中」關係日益強化所帶來的實質利益，包括透過美國的影響力來遏止台獨勢力的發展。

第二、台灣對大陸的投資金額和對大陸市場的依賴程度，在最近的幾年呈現快速增加的趨勢。目前在台灣的民意光譜中，支持兩岸直航的比例已經達到百分之七十的水準。對於多數的工商界人士而言，兩岸直航是維持其企業生存發展的必要條件，同時，其並普遍要求陳水扁政府加速落實兩岸直航的措施。然而，陳水扁在面臨黨內基本教義人士反對直航的壓力，以及台灣主流民意支持直航的決策困境下，遲遲無法祭出明確的決定，甚至連原訂在去年十一月間要由陸委會提出的「兩岸直航評估報告」，也在民進黨政府內部的壓力之下，無法公佈。換言之，陳水扁的兩岸政策運作機制，實質上是處在癱瘓的狀態。

第三、陳水扁政府雖然有意以保守謹慎的兩岸政策立場，來營造台灣的政治自主性，並企圖在國際活動空間的開拓上，能夠有所收穫。但是，從歐盟拒絕發給陳水扁簽證，使其無法應邀赴「國際通訊聯盟」的大會發表演講、台灣申請成為「世界衛生組織」觀察員失利，以及台灣在「世界貿易組織」面臨諸多困境等事件觀之，陳水扁政府刻意迴避兩岸議題，企圖藉由美國及其他國際組織的力量，來凸顯台灣在國際上的主權獨立地位，顯然也遭受到重大的挫敗。

第四、由於陳水扁政府遲遲無法提出有效和緩兩岸關係，並且進一步提升台灣經濟競爭力的措施，導致台灣的資金、技術、與人才，快速地往大陸移動。與此同時，台灣的經濟在逐漸空洞化與邊緣化的雙重損耗之下，也已經出現相當明顯的財政結構問題。這項政府財政的困境，直接影響到台灣執行對美國軍事採購的能力。目前，台灣方面遲緩的對美軍事採購進度，已經引起美國政府、國會議員，以及軍工企業人士的不滿，甚至進一步鬆動對陳水扁政府的支持程度。陳水扁政府在面臨政府財政困難、國內主流民意傾向減少對美國軍購，以及美國政府及軍工企業要求加速執行軍購案的多重壓力下，顯然已經在兩岸三邊的互動關係上失去了決策的重心。

備忘錄 一〇七

民進黨操作「公民投票」的策略思維

時間：二〇〇三年六月三十日

六月二十一日，美國在台協會台北辦事處處長包道格，在拜會陳水扁時表示，美國嚴重關切台灣進行任何議題的公民投票。隨後，美國國務院在答覆記者詢問時指出，陳水扁承諾過「不就統獨進行公民投票」，對於陳的這項保證，美國「感到欣慰並認真看待」。但是，美方向民進黨明確表達嚴重關切「公投」的態度，其不僅沒有遏止扁陣營操作「公投議題」的企圖，甚至激盪出朝野人士傾向支持公投法的氣氛，同時也為總統大選前的台海形勢，投下了一個難以預測的變數。畢竟，中共方面認為，「只要公投，就已跨過那條紅線（容忍的底線），這種作法只是不斷的試探，但最終會走向不可避免的衝突引爆點」。

基本上，陳水扁抛出「公民投票」，是與去年八月三日，推出「一邊一國論」相互呼應的選戰策略。六月二十二日，陳水扁在高雄中山大學演講時強調，行使公民投票等國民基本人權，絕非任何國家、政府可以剝奪、限制或反對。換言之，民進黨政府在政績貧乏的窘境下，顯然已經決定將明年的總統大選，定位在確立「台灣主權獨立」的公投投票。

據瞭解，以陳水扁為首的民進黨高層核心人士認為，台灣的主流民意傾向於在維持政治自主性的基礎上，與中國大陸發展建設性的經貿互動關係；中共當局雖然表明台獨意味戰爭，但是面對美國的優勢軍力，亦有所顧忌；美國政府與國會基本上已經接受民進黨的遊說，認為兩岸維持分裂，將更有利於美國在西太平洋的戰略佈局，同時，美國行政部門對於台灣建立「公民投票」的程序性民主機制，即使公開表示反對，但是台灣卻可以在美國國會及輿論界，獲得更多的支持與同情，甚至能為陳水扁訪美，培養有利成行的氣氛；此外，民進黨也將運用「公民投票」的民主正當性，做為抹黑在野黨「僵化」、「保守」、「賣台」、「反民主」、「中共同路人」等的利器。

目前，陳水扁陣營的支持率已經跌落到百分之二十七左右，民眾對其施政的不滿意度更高達百分之五十九以上。扁陣營眼見形勢不妙，而美國也似乎有意調整立場，轉為中立觀望，因此，決定挺而走險，祭出「公投牌」，一方面刺激中共並逼美表態，另一方面企圖激起台灣的政治自主性意識，為其垂危的選情，做出最後一搏。

備忘錄一〇八

「一國兩制」在香港出現危機

時間：二〇〇三年七月五日

六月二十九日，大陸國務院總理溫家寶與香港特首董建華，在香港簽署「內地與香港更緊密經貿關係安排」（CEPA）。溫家寶指出，香港的經濟問題主要是結構問題，並在失業和財政赤字上表現出來。溫認為，香港要發揮優勢就必須和珠江三角洲結合，並擴大金融、訊息、科技，以及環保等方面的合作項目，以達到共同合作發展的經濟效益。

根據CEPA協定的內容，自二〇〇四年六月一日起，包括二七三項在香港製造的產品，將可獲得大陸「零關稅」的待遇，另有近四千項產品將可在二〇〇六年元月起，享有零關稅的待遇；在服務業方面，自明年元月起，香港的服務業將較世界其他地區，提早分階段進軍大陸市場，例如香港銀行進入大陸金融市場的資本額門檻，即從原來的二〇〇億美元降到六〇億美元；至於在貿易便利化的領域方面，大陸將對香港的產業提供通關便利化、法律、電子商務、中小企業合作，以及中醫藥業合作等項目。換言之，中共方面將逐步地取消，香港與中國大陸間的貨物貿易關稅和非關稅壁壘，並進一步結合澳門和東協十國的「自由貿易區」計劃，具體地建立中共在東南亞地區的經濟影響力。廣東省東莞台商協會會長張漢文認為，香港與大陸間

備忘錄一〇九

中共經營朝鮮半島的外交策略

時間：二〇〇三年七月十日

七月七日，大陸國家主席胡錦濤與南韓總統盧武鉉，在北京舉行首度的會談。雙方針對朝鮮半島非核武化的議題，進行了討論。在此之前，中共當局曾經於七月初，分別派遣兩位副外長，包括王毅赴美國華府及戴秉國赴俄羅斯的莫斯科，與美俄有關人士商討朝鮮半島的形勢發展。多數的西方觀察人士認為，北京已經成為白宮處理朝鮮半島問題，所必須依靠的重要力量。今年六月下旬，美國中央情報局提出一份評估報告指出，北韓正在發展核子彈頭小到足以配置在飛彈上的科技，這將使日本和駐在日本的美軍有被核武攻擊的危險。此外，這份報告評估認為，北韓將可以在一年內研發出這種攜帶核武的飛彈，因此，美國有必要設法使亞洲盟邦相信，北韓的核子武器確實對東北亞的和平與穩定構成威脅。此外，美國也需要建立一個統一的外交陣線，迫使北韓停止發展核武。六月三十日，大陸外長李肇星在雅典公開表示，中共當局希望看到非核化的朝鮮半島能享有永久的和平與穩定。同時，李亦強調，解決當前朝鮮半島核武危機的唯一方法是「透過和平對話」。據此觀之，北京當局對於經營朝鮮半島的戰略佈局，已經逐漸顯露出操作的主軸。美國喬治華盛頓大學亞洲研究部主任沈大偉博士，曾經於今年五月間，在「華盛頓季刊」（The Washington Quarterly），發表一篇題為「China and the Korean Peninsula: Playing for the Long Term」的專論，深入剖析中共經營朝鮮半島的細緻佈局，其要點如下述：

第一、北京處理其與朝鮮半島的互動關係，主要考量的關鍵性利益要素包括：（一）北韓金正日政權的生存；（二）北韓政權的改革；（三）維持中國大陸與南韓間，全面性的互利共榮關係；（四）逐步建立北京對朝鮮半島兩國的主導性影響力；（五）南北韓透過經濟互動與社會交流的途徑，隨著時間的推進，逐漸朝向政治整合的方向發展；（六）敦促北韓當局在包括核武、大量毀滅性武器，以及傳統性武器等的運用上，採取穩健及對區域和平負責的態度與立場。就現階段朝鮮本島的形勢而言，防止北韓金正日政權崩潰是北京處理朝鮮半島問題的底線。不過，以當前朝鮮半島核武危機日益升高，及其可能引發的連鎖反應效果觀之，北京當局認為，加強北韓及朝鮮半島的穩定性，是達成朝鮮半島非核武化政策目標的關鍵。

第二、長期以來，中共都把朝鮮半島視為其勢力範圍。針對北韓，北京不僅給予政治、經濟、軍事性的支持與援助，同時也將其視為牽制美國、日本、俄羅斯，在東北亞發展影響力的重要棋子。此外，北京與南韓間的經貿互動與投資合作的關係，在最近幾年亦出現快速增長的趨勢。中共與南韓加強互動的利益考量包括：（一）萬一北韓崩潰或南北韓統一，中共在朝鮮半島仍然可以保有影響力；（二）加速吸引南韓企業到大陸投資；（三）運用南韓的影響力發揮地緣外交的作用；（四）維護北京在朝鮮半島長期性的勢力範圍。整體而言，中共在操作南北韓分裂的局面，基本上，並不支持南北韓在短期內，快速地進行協商統一的步驟。換言之，北京亦把南北韓的分裂，放在如何擴大其在東北亞影響力的戰略高度來思考。因此，北京也不希望金正日政權做出核武威脅的冒進行為，迫使美國提前對北韓採取軍事行動，造成北京失去在朝鮮半島著力的空間。

第三、北京當局基於其在朝鮮半島長遠利益的考量，亦瞭解到降低北韓的核武威脅至關重要。因此，其也逐步地發展出，化解朝鮮半島核武危機的途徑，其重點有三：（一）敦促北韓朝政經改革的方向努力，並為其規劃藍圖；（二）提出促進南北韓整合的階段性規劃；（三）協助北韓與美國，進行關係正常化的接觸與互動。就實際的發展狀況觀之，北京方面在朝鮮半島的著力與用心，已經日趨深入，而其對東北亞的影響力也日益提升。今年四月上旬，北京當局出面促成北韓、美國、中共三邊會談，就足以證明中共長期經營朝鮮半島的策略，已經發揮具體的效果。目前，美國方面在面對如何化解朝鮮半島的核武危機，並防止其連鎖效應，造成日本、南韓，甚至台灣走向核武化的嚴重後果，仍然在思索最適當而有效的策略。不過，以目前的趨勢觀之，結合北京共同促成朝鮮半島非核武化，將是美國在東北亞戰略佈局的重點。隨後，美國也應該積極地與北京合作，共同推動北韓政權的改革計劃，讓朝鮮半島走向和平對話，而不是兵凶戰危的軍事對峙。

備忘錄一一〇 美國應該採取「兩個中國」政策嗎？

時間：二〇〇三年八月十日

八月七日，「國親政黨聯盟」召開第二次委員會議，確立明年總統大選，將以「台灣優先、繁榮再現」，做為兩岸政策的主軸，不隨陳水扁「一邊一國對抗一個中國」的政策起舞。八月十日，陳水扁再度重申，「台灣中國、一邊一國」的立場絕無讓步空間。據瞭解，陳水扁陣營評估，其在操作「兩岸三邊牌」上，已經開闢出一個新的發揮空間。民進黨認為，今年七月一日在香港的大遊行，以及其後續的發展實況，為陳水扁堅持「一邊一國」，反對「一國兩制」及「一個中國」，提供了有力的論述基礎。扁陣營以「一國兩制」在香港實施的結果為例，強調「一國兩制」是要將台灣香港化，並剝奪台灣人民的自由與民主；同時，其認為，台灣的中間選民對於堅持政治的自主性，仍然擁有強烈的意願，因此，民進黨利用香港的實例，可以強化其主張「一邊一國」的正當性。隨著總統大選的腳步日益迫近，陳水扁陣營操作「兩岸三邊牌」的複雜度，亦相形提高，而其策略目標則是鎖定在「激怒中共、分化國親聯盟、緊抱美國大腿」。目前陳水扁堅持「一邊一國」的選戰主軸，顯然是蓄意要升高台灣內部的政治對立，激化台海情勢，並從中獲取政治利益。今年的八月十三日，長期研究兩岸關係的美國大西洋理事會研究員拉薩特博士（Martin L. Lasater）。在「台灣安全研究電子報」發表一篇題為「The United States Should Adopt a Two-China Policy」的專論，剖析美國若採取「兩個中國政策」的效果；此外，美國海軍研究中心的麥克德維（Michael A. McDevitt），更以嚴肅的態度強調，台灣地區的政治民主化若與台獨劃上等號，則兩岸關係趨向軍事衝突的可能性，將會大幅地上升。現謹將兩篇論文的要點分述如下：

第一：長期以來，美國方面對於處理兩岸關係的議題，基本上認為，兩岸保持現狀等待中國大陸民主演化，並為雙方和平解決歧見創造有利的空間與條件，是美國所可以接受的。但是，台灣方面在經過二〇〇〇年的總統大選，以及二〇〇一年底的國會大選之後，目前執政的民主進步黨表示，台灣的人民不是中國人，所以一九七二年「上海公報」所強調的「台海兩岸的中國人共同認為」之前題基礎，已經不復存在，因此，美國的「一個中國」原則也將不再適用於兩岸關係的新現實。這種台灣內部政治結構的變化，對中共而言，也形成了一種兩難的局面。目前中共必須運用武力嚇阻台灣獨立，但是，這種武力威懾的手段，對於營造台灣人民願意選擇與大陸統一的氣氛與基礎，卻有嚴重的破壞作用。對於美國而言，為台灣與中共開戰，當然不利於美國在西太平洋的戰略利益。但是，由於中共的武嚇動作，卻把台灣推向美國的軍事安全保護傘下。在這種形勢中，一方面台灣的民主政治得以有機會成長茁壯，但是，卻也為日後台灣選擇獨立，並且對台海形勢造成衝擊，埋下了深層的火藥庫。

第二、隨著台灣與大陸內部各自形勢的變化，美國在與中華人民共和國建交之後，其所堅持的「一個中國政策」，顯然已經逐漸地將美國陷入一種兩難的處境，並導致美國無法跳脫美國價值觀及戰略利益的矛盾。目前，台灣的人民不願意在被脅迫的狀況下與大陸結合，而美國既不願意看到北京用一國兩制來併吞台灣，同時也不願意為支持台灣獨立而與中共開戰。此外，美國很清楚地認知，支持分裂中國並不符合美國的利益，但是坐視台灣的民主社會被充滿敵意的中共政權壓迫，也不是美國所樂見。因此，美國應該考慮同時承認中華人民共和國和中華民國。換言之，美國在支持未來中國統一的前題下，承認中華民國是一個國家，但不是一個獨立於中國之外的國家。對於北京而言，這項兩個中國政策的架構，一方面可以排除美國承認台獨的風險，另一方面也可以避免在台海發生戰爭的危機。

第三、美國的兩個中國政策顯然會受到北京及台獨基本教義人士的強烈反對。但是，美國承認中華民國將提供台灣人民國際性的支持，同時並向台灣及大陸保證，兩岸未來將會逐漸發展成為一個中國。一旦這項兩個中國政策的構想，所造成的國內及國際困惑釐清後，台北、北京和華府都會清楚地發掘其實際的好處。首先，美國可以避開為台獨而與北京開戰的風險，並進一步拓展與北京和台北的雙邊合作關係；其次，台北可以得到國際承認的主權國家地位，積極參與國際組織活動，並加速發展台海兩岸的經濟合作關係；至於北京方面，一則可以避開台海戰爭的風險，二則可以在美國的保證下，防止台灣走向獨立的道路。此外，在美國的兩個中

備忘錄一一一

美「中」經貿互動的新形勢

時間：二〇〇三年八月二十日

八月十八日，美國財政部宣佈財長史諾（John Snow），將於九月初訪問中國大陸、日本、並參加在泰國舉行的亞太經合會議（ＡＰＥＣ）時，與各國領袖討論加快全球經濟成長的方法。近日以來，史諾頻頻敦促中共當局改變貨幣政策，讓人民幣對美元升值。但是，中共財政部長金人慶則表示，人民幣政策攸關大陸經濟穩定，現在對北京當局來說，最重要的就是維持經濟穩定成長。此外，美國與中共對於發展區域內或雙邊自由貿易協定（ＦＴＡ），均紛紛展現出積極的行動。目前，美國除了擁有北美自由貿易區、與以色列及約旦等簽署自由貿易協定外，又和新加坡、智利簽署自由貿易協定，其並計劃在十年內逐步建立美國與中東自由貿易區。中共當局認為，美國是中國大陸第一大出口國，隨著美國與愈來愈多中共貿易競爭對手，簽署自由貿易協定，中國大陸將遭受更多貿易轉移效應。但是，美國當局卻認為，中共在亞洲加速推動自由貿易協定策略，是企圖先取得東亞地區的主導權，並將衝擊美國在亞太地區的經濟利益。整體而言，隨著中國大陸經濟發展的腳步日益加快，美國方面亦積極在世界各地部署有利的經貿網絡，以準備迎接來自中國大陸的競爭。最近一週，遠東經濟評論、波士頓環球郵報、華盛頓郵報、新加坡海峽時報等重要媒體，均曾經針對美國與中共在經貿互動領域上，所發生「既合作又競爭」的形勢，進行深入的報導和剖析，現謹將要點分述如下：

第一、今年七月中旬，四位美國資深的參議員，聯合致函財政部長史諾，要求美國財政部就中國大陸政府干預人民幣匯率的行為，進行深入的調查。這項結合共和、民主兩黨重量級參議員的聯合行動指出，去年美國對大陸的貿易逆差高達一千零三十億美元，雖然美國產品對大陸的出口亦增加快速，但是卻只佔大陸對美國出口金額中，一千二佰伍十億美元的五分之一都不到。美國的全國製造業協會表示，自二〇〇一年至今，中國大陸對美國市場所出口的產品，已經造成美國的製造業，喪失高達二百七十萬個就業機會。但是，對於多數的美國跨國企業而言，中國大陸同時兼俱潛在巨大市場，以及低成本供貨中心的雙重角色。因此，運用中國大陸的市場及生產機能，已經成為維持全球性競爭力的必要條件。換言之，美國各界人士對於如何看待中國大陸與美國的經貿互動關係，仍然存有相當程度的分歧意見。

第二、雖然中國大陸的經濟發展在過去的十年，明顯地呈現強勁的走勢。但是，位於加州的重要研究智庫蘭德公司，在今年的八月中旬卻發表一份，由該智庫資深經濟專家聯合執筆的報告指出，中國大陸的經濟發展至少有八項結構性的隱憂與難題包括：（一）失業率攀高，目前已經達到百分之二十三，並且有惡化的傾向；（二）官僚貪腐問題日益擴散；（三）愛滋病的年成長率達到百分之二十；（四）地區性缺水問題嚴重，十年後可能發生水源枯竭危機；

（五）對石油及天然氣的需求日增，但供給的來源和產能卻明顯減少；（六）銀行的呆帳正如同癌症細胞一樣，快速侵蝕大陸的經濟資源；（七）國際間競爭外資的形勢日益激烈，印度、巴基斯坦、印尼、俄羅斯等，都將成為大陸吸引外資的競爭者；（八）台海間的對峙形勢嚴峻，一旦危機爆發將耗損大陸一個百分點以上的國民生產總額成長率。

第三、美國在與新加坡簽署自由貿易協定後，將會繼續加速與東協的其他國家，簽署自由貿易協定。這將使東協國家減少對中國大陸市場的依賴，同時也可能會減緩東協國家組織與大陸發展自由貿易區的速度。然而，若從中共的角度觀之，美國加快推動自由貿易協定的腳步，對中國大陸也會產生有利的影響，其中包括：（一）美國將不會對東亞經濟一體化行動給予更多的阻撓和壓力；（二）美國在ＷＴＯ提出一些要求中共履行的目標，其實對於刺激大陸經濟體制的改革，有正面的影響作用。此外，中共在亞洲地區積極推動自由貿易協定的策略，將可能會進一步發展成關稅同盟。目前中共已經於六月下旬和香港簽署「內地與香港更緊密經貿關係安排」，並開始和澳門協商同樣的協定，同時亦於七月間呼籲台灣也能參與這項經貿夥伴協定的協商。另外一方面，中共計劃和東協國家組織協商，互相撤銷關稅，並希望在今年十月「東協加三」的領袖會議中，能夠通過以經濟合作為主要內容的聯合宣言。中國社會科學院的張蘊嶺所長表示，中國大陸加入世界貿易組織後，對於區域性的經濟合作開始有信心，並希望先與各國締造自由貿易協定，再進一步發展成區域性的關稅同盟。對於美國而言，美「中」

備忘錄一一二

如何避免美「中」的太空軍備競賽？

時間：二〇〇三年九月三日

八月二十五日發行的「航空暨太空科技週刊」報導指出，中共的航天部門將於今年十月中旬發射載人太空船，並計劃在二〇〇六年展開登陸月球的太空探險。目前擁有二十五萬工作人員的大陸航天部門，除了積極與巴西及歐盟的太空科技部門，共同合作發展各項航天計劃外，並已將未來五年的民用太空科技發展預算提高兩倍。中共當局計劃在二〇〇二年至二〇〇五年間，發射三十枚民用太空船。值得注意的是，中共航天部門所使用的硬體裝備，並非進口自美國或歐洲的公司，而是依賴本國的科技人員自行研發製造。此外，中共當局並有計劃地將這些航天科技設備，包括彈導飛彈的技術等，輸出到亞太地區，如伊朗及巴基斯坦等國家，以擴大對這些地區與國家的影響力。根據兩次美伊戰爭中，美國明顯地展現出，其運用太空科技所發揮的戰力。中共當局認為美國的太空霸權將會影響大陸的國家利益。因此，其除了一方面積極發展太空科技之外，亦結合俄羅斯的力量，大力鼓吹太空非軍事化的措施。但是，美國的國防部門在觀察中共近年來積極研發太空武器的跡象，亦提出警告認為，中共的太空科技發展勢將會威脅到美國的國家利益。今年九月上旬，美國的華盛頓季刊（The Washington Quarterly）即發表一篇由海軍戰爭學院教授William C. Martel撰寫的專論「Averting a Sino-U.S. Space Race」，針對美「中」雙方的太空科技發展狀況，以及如何避免走向太空軍備競賽，提出深入的剖析，其要點如下：

第一、二〇〇一年一月，由現任國防部長倫斯斐德組成的太空科技發展委員會，發佈一份研究報告指出，未來美國及其盟邦的安全與經濟福祉，將視其是否能夠成功地在太空中發揮各項能力；同時，其亦強調，美國維持太空科技的優勢，是捍衛國家安全的先決條件；此外，美國的經濟活動亦高度地依賴太空科技，來經營各項商業行為。目前，美國所建構的全球衛星定位系統，除了運用在各種軍事性的導航措施外，亦成為多數航空、航海，以及地面交通的定位機制，同時，其也是全球主要金融交易活動的連結樞紐。換言之，美國的軍事單位依賴衛星體系進行戰場管理，而工商企業界則是依賴各種衛星體系進行主要的商業活動。然而，這種高度仰賴人造衛星及太空科技的結果，也造成美國國防安全及經濟安全的脆弱性。

第二、目前中共方面積極發展的太空科技項目有三：（一）加速發展通訊衛星科技，並強化國內與國際通訊衛星的網絡建構，進而滿足快速膨脹的衛星通訊市場；（二）積極發展衛星發射市場，並為國際性的客戶提供廉價又可靠的人造衛星發射服務；（三）加速推動太空實驗室的發展，以為長期增強經濟實力及科技能力的基礎做準備。

第三、中共的太空科技發展，除了前述的三項重點之外，亦積極地以極隱密的方式，研究攻擊美國人造衛星體系的能力。換言之，中共方面仍然將美國的太空科技優勢，視為威脅其國家安全的主要來源，而其理由有三：（一）美國與盟國共同建構的飛彈防禦體系，在太空科技優勢的支持下，顯然已經在戰略上形成對中國大陸圍堵的態勢；（二）美國的太空科技優勢，將會影響到中共在台海地區的戰略地位，一旦台海爆發軍事衝突時，共軍將會受制於美國的太空優勢。因此，中共方面認為其有必要發展出雷射殺手衛星武器，以具體牽制美國執行戰場管理的人造衛星。美國的國防部評估認為，到二〇一〇年左右，中共的通訊衛星、偵照衛星將會有顯著的進展，至於彈導飛彈、陸攻巡弋飛彈、反艦巡弋飛彈等，也將配合其自主研發的全球衛星定位系統，而有所突破。此外，中共方面發展破壞美國的軍用及民用人造衛星體系能力，更值得密切地關注。

第四、為了避免美「中」陷入太空軍備競賽的惡性循環，雙方應增加太空科技發展的透明度，來化解不必要的誤會，而其具體的步驟包括：（一）軍事部門的接觸與對話；（二）交換太空科技預算資訊；（三）交換太空活動的準則、訓練計劃等措施。但是，這些太空科技發展透明化的方案，仍然受到美「中」雙方都把太空科技的發展計劃，列為極機密的重點項目，要談到交換關鍵性的預算數字及工作計劃，談何容易。因此，美「中」為避免出現太空軍備競賽的惡性循環，勢必要在雙方元首高峰會的層級，建立溝通的機制。此外，美國應該鼓勵中共參與國際太空站的活動，促使雙方在國際性合作的架構下，逐漸地發展出透明化的互動模式。

備忘錄一一三

中國國民黨的挑戰

時間：二〇〇三年九月五日

八月二十七日，國民黨主席連戰在中常會上指出，距離明年總統大選只剩六個多月，但民進黨一方面表示拚經濟、拚改革，卻拿不出實際成績，於是又再度藉由炒作政治或意識型態議題，轉移內政及民生不濟的焦點，刺激民眾情緒以爭取選票；像最近所謂正名、公投，以及一邊一國等話題，都是這種思維的產物；因此，國民黨有義務清晰說明立場，並對有關國家定位，提出明確嚴正的基本主張與看法。

目前，有部份反對台獨的人士認為，堅持「中華民國」是保留台灣與中國之間的政治、歷史橋樑，可以防止台灣「去中國化」。然而吾人要問的是，「中華民國」只有橋樑的價值嗎？尤其對於捍衛中華民國生存發展的國民黨而言，明確地揭示中華民國的國家目標，積極務實地策定各項施政方針，並妥謀重返執政大計，爭取總統大選勝利，然後按明確的政策指導，運用執政團隊的集體智慧，為人民興利除弊，才是破解中共與台獨兩面封殺「中華民國」的正道。同時，吾人對於部份人士寄望中共的善意與呼應，做為反制台獨勢力的如意算盤，亦必須指出其中的盲點與危險性。畢竟，中共的「一國兩制」基本方針，其先決條件就是要消滅

「中華民國」。

綜觀台北、北京、華府「兩岸三邊」互動關係的複雜因素，中國國民黨所要面臨的挑戰與考驗，只會更加的嚴峻。國民黨承諾要把台灣的政治活力與自信找回來，要讓台灣變得更好，就必須要對下述的議題，進行深入的研究，並提出整體的因應對策：第一、面對中共與台獨聯手封殺中華民國，國民黨的破解勝出之道為何？第二、面對中國大陸經濟的磁吸效應，國民黨能否提出經濟發展策略，化空洞邊緣危機為再發展的轉機？第三、面對北京當局祭出的對台懷柔策略，國民黨將如何因應，並順勢創造更寬廣的生存發展空間？第四、面對中共戰略性軍事能力，已經逐漸形成嚇阻美國介入台海局勢的有力因素，國民黨的國家安全戰略指導原則為何？第五、面對中國大陸開始推動政治體制改革試驗的新趨勢，國民黨將如何因應這種變化，進而規劃贏的策略，成為民主中國的貢獻者？

備忘錄一一四

陳水扁操作「兩岸三邊牌」的動向

時間：二〇〇三年九月十日

九月五日，前美國在台協會理事主席卜睿哲，在紐約「聯合國與台灣」國際研討會中指出，美國的「一個中國政策」要素，包括「中」美三個聯合公報、台灣關係法、堅持和平解決兩岸分歧、三不支持、對台軍售、對台六項保證，以及任何兩岸解決方案須由台灣人民同意等，這些要素是依美國國家利益及特定時代背景彈性組合而成。在同一研討會的場合中，有與會者問卜睿哲，美國政府是否會承認台灣獨立？卜睿哲反問，如果華府如此做，試問北京會有什麼反應？是不是意味「中」美關係就此中止、引發台海戰爭、美國子弟將被派到台海作戰？卜氏強調，考慮這些可能後果，即可知華府能否承認台灣獨立。此外，卜氏就有關公投議題答覆詢問時表示，實施公投固然是台灣人民應有的權利，但台灣應考慮到此刻是否一定要實行公投？是否符合台灣整體利益？換言之，卜氏已經很露骨地表示出，美國政府將不會替陳水扁的「一邊一國論」及「公投台獨」背書。

整體而言，美國現在有十五萬大軍深陷伊拉克泥淖中，目前已被迫開始尋求聯合國安理會出面幫忙；此外，由於朝鮮半島核武危機的六方會談剛剛啟動，美國需要中共從中斡旋，必然不願見到扁政府在台海地區製造緊張狀況。與此同時，北京方面在亞太區域經濟合作的主導地位日益明顯，而兩岸間政治對立的持續升高，卻只會讓台灣在亞太地區的政經舞台上，日形孤立，甚至在區域經濟合作架構中，被進一步的邊緣化。據此形勢觀之，陳水扁欲藉操作「一邊一國」、「公投立法」，為其總統大選營造有利的國際環境，無異緣木求魚。

陳水扁在操作「兩岸三邊牌」時，曾經判斷中共不敢對台用武，美國只會做出「不支持台灣獨立」的宣示。藉此，陳水扁既可贏得「基本教義人士」的支持，又可以具體行動回到「新中間路線」，繼續推動兩岸的經貿互動；同時，陳水扁還可以運用「公投立法」的民主大旗，做為抹黑在野黨的利器。然而，綜觀九月六日，陳水扁在面對台獨基本教義人士及中華民國憲法正當性的兩面夾擊下，其所顯露出的「不知所云」及「進退失據」，顯然已經正式宣告「一邊一國牌」和「公投台獨牌」破功。

備忘錄一一五

美「中」安全關係互動順暢的原因

時間：二〇〇三年九月十五日

九月六日，美國國務卿鮑爾在華府的演講會上表示，雖然美國與中共之間就有關人權議題、武器擴散，以及大陸內部政治改革等，仍存有分歧的利益。但是，目前雙方互動順暢，是三十年以來關係最好的時刻。不過，也有跡象顯示，美國副總統錢尼的中國大陸之行，在年底前恐無法實現，而其主要原因之一是，錢尼的國家安全顧問弗烈德柏，堅決主張強硬對待中共。據瞭解，弗烈德柏很早就提出「戰略競爭者」一詞，並認為中共崛起勢必挑戰美國在東亞的政治及軍事影響力，此外，其在「亞洲霸權之爭」的專訪中亦強調，從地緣政治的角度觀之，美國難以避免的要與中共出現競爭局面。不少華府的智庫界人士指出，弗烈德柏的觀點對副總統錢尼及國防部長倫斯斐德，有明顯的影響。因此，儘管國務卿鮑爾為感謝中共方面在朝鮮半島議題的貢獻，特別強調雙方互動良好的狀態，但是，美「中」這種建設性的積極合作關係能夠維持多久？仍然是相關人士密切注意的重點。今年九月上旬，美國史坦福大學的胡佛研究所，在第八期的「中共領導人觀察」專輯中，刊載一篇由Thomas J. Christensen 博士撰寫的「PRC Security Relations With the United States: Why Things Are Going So Well」分析報告，對美

「中」關係互動順暢的原因，以及未來發展動向的研判，提出客觀的看法，其要點如下：

第一、近日以來，美國與中共在多項重大的國際安全議題上，出現前所未見的合作氣氛。尤其是在雙方共同執行反恐戰爭，以及共同處理北韓核武發展的項目上，美國與中共的互動，已經具體地展現出「建設性的合作關係」。此外，美「中」就有關台海穩定的議題，似乎也逐漸發展出新的戰略性架構，讓華府與北京能夠降低引爆衝突的風險，並促使美「中」雙方在其他的國際安全議題，獲得更多建設性的成果。整體而言，北京與華府在面對共同處理反恐戰爭及北韓核武危機的基礎上，顯然都有意淡化處理台海問題。但是，現階段布希政府所採取的優勢軍力嚇阻策略，一方面向北京展示其堅持以和平手段，解決台灣問題的決心，另一方向台北表示其不支持台灣獨立的明確立場，並藉此營造北京與華府間，在各項重大國際安全議題的合作空間。美國這項維持台海穩定的戰略架構，顯然已經逐漸地與北京當局取得默契。

第二、在最近的兩年間，北京方面對於台北當局所提出的一些「台獨主張」，包括陳水扁在二〇〇二年八月上旬重提「台灣中國、一邊一國」等，都顯露出相當程度的耐心。促使中共方面有這種態度轉變的原因在於：（一）台灣在經濟上對大陸的依賴程度明顯增加；（二）「國親合作」成局後，陳水扁成為「一任總統」的可能性大增；（三）中共在外交政策上已經發展出新的思維，並傾向柔性處理台灣問題；（四）自從九一一事件及二〇〇二年八月「布江峰會」後，美國與中共的合作氣氛日濃，並傾向低調處理台海議題。然而，北京方面仍然對美國的軍售台灣，表達強烈的反對態度，並積極地與美方進行交涉。倘若美方執意對台軍售，就必須很有技巧地向北京表示，美國對台軍售的項目只是用在防禦性的措施，並不是為支持台灣獨立。

第三、根據客觀形勢研判，北京對北韓擁有關鍵性的影響力。目前，北韓所使用的糧食，有百分之三十來自於中共的援助；同時，北韓所需要的燃油，有百分之七十來自於中共的供應；至於北韓的核武研發技術和彈導飛彈的技術，主要來源也是中共。換言之，美國在處理朝鮮半島核武危機時，勢必要取得北京的支持與配合，否則將是途勞無功。除此之外，美國在執行全球性的反恐戰爭時，也更加顯露出北京支持配合的重要性，其中包括中東地區、中亞地區、南亞地區，甚到「貨櫃安全計劃」等，都為美國與中共在國際安全議題，營造出合作的氣氛與環境。隨著北京與華府在反恐戰爭及北韓核武危機議題的互動順暢，雙方之間就有關台海議題的態度，也逐漸培養出理性面對的默契。不過，近日以來，北京與華府的戰略規劃圈人士亦表示，一旦北韓的核武危機逐漸解除，而美國的全球性反恐戰爭也接近尾聲時，華府與北京之間在安全議題上互動順暢的基礎消失，屆時，美國與中共雙方面對爭議性本質仍未化解的台灣問題，是否仍然具有相互配合、柔性處理的默契，值得進一步的觀察。換言之，只要中共對於美國在反恐戰爭及北韓核武危機議題上，仍然扮演重要的貢獻者角色，美國也將會樂於繼續配合北京的態度，維持台海的現狀。

備忘錄 一一六

陳水扁操作「兩岸三邊牌」的動向

時間：二〇〇三年九月二十日

近日以來，根據美國國務院的相關機構、華府的重要智庫，以及國內主要平面和電子媒體，相繼透露的總統大選民意調查資料顯示，泛藍陣營的候選人仍然繼續以十個百分點左右的差距，領先現在執政的陳水扁陣營。陳水扁面對其施政滿意度持續滑落的困境，正苦思突破之道，並企圖運用執政的優勢，在台灣內部、兩岸互動、亞太地區，以及對美關係上，創造並累積總統大選的籌碼。

在台灣內部方面，陳水扁的策略目標是促使「國親合作」破局，讓其繼續享有相對多數的優勢；在兩岸互動的領域上，陳水扁正逐步地推出經濟開放的措施，包括在大選前實施「兩岸貨運便捷化政策」等，以爭取「中間選民」及工商界人士的支持；在亞太地區方面，陳水扁意圖爭取日本右翼輿論及政軍界人士支持，並派出核心策士邱義仁、蕭美琴進行遊說；在對美國工作方面，陳水扁一方面向美國強調，民進黨長期主張的「一邊一國」政策路線，符合美國在亞太地區的戰略利益，同時，其亦積極運用「軍購」的籌碼，向美方爭取恢復五〇年代「中美協防機制」的軍事合作關係；此外，陳水扁正透過其在美國的代理人，積極動員「台灣連線」

的美國國會議員，敦促美國行政部門重新檢視「上海公報」的「一個中國政策」，並要求美方認真看待台灣政治民主化後的「新政治現實」。

整體而言，陳水扁認為，只要在未來的半年期間，「國親合作」陷入破局邊緣；中共當局願意接受民進黨政府的「直航」安排；而美國公開表示與台灣強化軍事合作關係，將有助於維持台海地區的和平與穩定。屆時，其將可以在選戰的關鍵時刻勝出。然而，現階段的形勢演變已經讓陳水扁的佈局落入困境。「國親合作」的成局並日益穩固，首先使陳水扁在基本盤上處於劣勢；中共方面仍然認為，陳水扁顯然沒有處理台獨的能力，因此就沒有「打交道」的價值；此外，從美國方面在國務卿鮑爾公開指出，現階段的美「中」關係是三十年以來最佳時刻的大勢觀之，陳水扁想用美國牌來為自己垂危的選情，注上一劑強心針的如意算盤，恐怕是要落空了。換言之，國民黨對於陳水扁將於十一月間，欲藉「軍購大禮」換取美方支持連任的設計，更應妥謀策略為納稅人看緊荷包，以防範「困獸之鬥」的陳水扁，成為浪擲人民血汗錢的軍購凱子。

備忘錄一一七

中國大陸與全球經濟積極互動

時間：二〇〇三年十月三日

近日以來，美、日等國家主張人民幣應升值，但中共方面則以經濟穩定為由，堅持維護人民幣匯率。九月二十五日，大陸人民銀行行長周小川表示，雖然大陸已經累積了三千六佰億美元的外匯儲備，但是大陸的人均外匯儲備水準仍低，只介於印尼和泰國之間，且外匯存底占GDP的比重，與印尼和泰國等發展中國家水準接近，同時，若將外匯存底與大陸的外債比較，顯然大陸的外匯存底還不算多，應不致構成貨幣升值的壓力。九月中旬，中共人民日報出版社出版了一本「中國的經濟威脅—警惕美國的第二次陰謀」，書中強調，美、日要求人民幣升值，誇大匯率的影響，是企圖為其本國經濟低迷尋找替罪羔羊，掩飾內部經濟存在的深層結構問題；至於全球通貨緊縮，主要是由於全球經濟循環、生產效率提高，以及對通貨緊縮的預期等因素造成，美日將通貨緊縮歸咎於人民幣匯率及大陸的產品，是誇大中國大陸在全球的經濟影響力。目前，中國大陸與國際經濟體系的互動，雖然出現了若干的矛盾因素，但是，整體而言，中國大陸仍然積極地與全球經濟，進行愈來愈密切的互動。今年九月中旬，美國耶魯大學的「全球化研究中心」網站，即連續發表兩篇分別由David Zweig博士及Deborah Davis博士，針對中國大陸積極與全球經濟互動的深層因素，提出剖析。此外，十月二日發行的遠東經濟評論，亦就有關中國大陸加入世貿組織兩年間，在全球經貿互動上，所產生的重要議題，提出深入的觀察，其要點如下：

第一、造成中國大陸與全球經濟互動密切的深層因素有四項：（一）中共當局的領導人認為，大陸經濟與世界經貿體系整合，是積極推動經濟發展的必走道路。鄧小平在一九九二年一月的南巡講話，強調加速並大膽地推動開放政策，已經為日後積極與國際經濟互動，奠定政治基礎；（二）大陸經濟體系所擁有的比較利益優勢，為其推動經濟國際化，提供成功的有利條件；（三）中國大陸內部的地方政府官員，在推動經濟國際化的過程中，掌握各項審批權，也因而從經貿互動的過程中，直接獲得利益，並成為積極進行經濟國際化的促進者；（四）中共當局在制定各項經濟國際化的政策時，都會考慮到如何創造誘因，讓地方政府的官員同時受惠，並使其能夠積極地配合推動中共當局制定的政策措施。

第二、隨著中國大陸在二〇〇一年底加入世界貿易組織後，中國大陸經濟國際化即面臨新的挑戰。長期以來享有審批權的地方官員，在中共當局逐步推動市場自由化措施，以加速吸收外資技術，並推動與全球經濟接軌的政策下，已經成為必須面對改革的既得利益者。朱鎔基在擔任總理時，積極推動加入ＷＴＯ，即是企圖運用國際經濟體系的壓力，打破地方官僚的阻礙，促進大陸的經濟體系與全球接軌。最近的兩年來，在吸引外資及開拓國際貿易等領域，都逐漸地展現中國大陸經濟國際化的成果。

第三、近年來，不少西方的觀察人士都在研究，中國大陸總體經濟的基礎，是否能夠支持大陸在國際經濟體系中，繼續強勁成長，並成為吸引外資技術及推展國際貿易的大國。根據研究資料顯示，中國大陸經濟市場化與國際化的過程中，確實已經造成貧富差距擴大的趨勢，但是整體的經濟發展指標，仍然朝向成長性的方向前進。未來二十年，大陸的人才素質將可以獲得繼續的提升。在一九九〇年到二〇〇〇年間，十五歲以下及六十五歲以上的人口，佔總人口數的比例正在下降，同時，平均的教育水準及身體健康的程度亦有明顯的進步。在一九九八年間，有百分之八十五的青少年，就讀國中，並有百分之八十畢業。在一九九〇年時，年齡在十八歲至二十二歲的青年人口中，有百分之三點四的學齡人口讀大學，至二〇〇〇年時，已經增加到百分之十一點五。目前中共當局計劃在二〇〇四年時，能夠促使讀大學的學齡人口，增加到百分之十五。

第四、現階段，中國大陸的經濟成長比較優勢，隨著其人力的條件、工業基礎、資金豐沛、市場擴大，以及全球產品通路快速成長的狀況下，已經成為西方跨國企業維持其在全球市場競爭力，所不可或缺的互動對象。墨西哥雖然擁有北美自由貿易協定的優厚條件，但是多數美國的跨國企業，卻寧可選擇在中國大陸設立生產製造中心，以獲得中國大陸經濟體系所提供的「經濟效率」。換言之，中國大陸的經濟體系將繼續地與全球經濟積極互動，而跨國企業所

備忘錄一一八

中共的中亞安全戰略佈局

時間：二〇〇三年十月六日

九月二十三日，以打擊恐怖主義、宗教極端主義和分裂主義為宗旨的中亞六國上海合作組織，由六個會員國總理簽署聯合公報，強調該組織今後將加強經貿、能源、交通、電信等領域的多邊合作，促進區域經濟發展。大陸總理溫家寶指出，經濟合作是上海合作組織的重點領域，未來在區域經濟合作的項目上，將推動貿易和投資便利化，減少並最終消除通關口岸，建立檢驗檢疫標準化制度，消除交通運輸等環節的非關稅壁壘，並確立長遠的區域經濟合作目標，推動設立上海合作組織自由貿易區。在會議中，包括中共、哈薩克、吉爾吉斯、俄羅斯、塔吉克、烏茲別克等六國的總理簽署決議，批准「上海合作組織成員國多邊經貿合作綱要」、「上海合作組織二〇〇四年度預算」、「上海合作組織常設機構編內工作人員工資、保障和補貼條例」，以及「上海合作組織地區反恐機構設置和人員編制」等四項文件。據此觀之，上海合作組織已經逐步發展成為維護中亞地區安全與穩定，促進成員共同發展的重要合作機制，而中共在中亞地區的戰略性佈局，也因此而日益穩固。今年八月下旬，華府重要智庫「戰略與國際研究中心」，即發表一份由Bates Gill博士撰寫的報告，題為「China's New Journey to the West:

China's Emergence in Central Asia and Implications for U.S. Interests」。在全篇研究報告中，作者針對中共在中亞地區的活動及美國的因應策略，提出深入的剖析，其要點如下述：

第一、前美國國家安全顧問布里辛斯基表示，俄羅斯在中亞地區的影響力，已經明顯地衰退，與此同時，中共在中亞地區勢力，正透過上海合作組織的發展，而具體地成為中亞的要角。隨著中國大陸與中亞地區相連的貿易路線、油管、高速公路，以及鐵路的日益增加，中共在此地區的經濟影響力也明顯地擴大。據此趨勢推斷，中共在中亞地區的活動力及影響力，將會逐漸地超過俄羅斯及美國。換言之，美國及中亞國家似有必要加強與俄羅斯的互動和接觸，以平衡中共在中亞地區影響力的快速成長。

第二、戰略與國際研究中心的這份研究，主要包括四個主題：（一）中共與中亞外交關係的現況及其對美國外交政策的意涵；（二）中共與中亞關係中有關反恐作戰及內部穩定和安全的議題；（三）中共與中亞關係中有關能源與貿易的議題；（四）中共與中亞關係有關新疆的角色。報告中的研究發現如下：（一）中共在「新安全觀」的指導之下，運用彈性、靈活而有節制的外交策略，積極地對中亞國家採取睦鄰政策，並強化與其之間的經貿互動關係；（二）基於地緣戰略、經濟條件，以及軍事安全的考量，未來十年間，中共在中亞地區所扮演的角色，將會愈來愈重要；（三）北京當局的中亞政策主要是由四組關鍵利益構築而成，其中包括：戰略位置、國家安全、邊界穩定、經貿互動；（四）就短中程而言，北京、華府和莫斯科，在中亞地區享有共同的利益基礎；（五）就長程的角度觀之，中美俄三強在中亞地區競逐戰略利益的狀況將無法排除，而中共在此地區的影響力與利益也將與日俱增。

第三、美國為因應中亞地區的戰略佈局，尤其是中共顯然已經積極地在該地區發展，並運用上海合作組織的架構，建立長期經營中亞地區的趨勢，有必要規劃策略以迎接未來的挑戰與機會，其中包括：（一）公開宣示繼續駐軍中亞的決心，以維持美國在中亞地區的反恐力量，並強化與中亞國家的安全合作關係、能源合作關係，以及共同維持中亞地區穩定的目標；（二）鼓勵主要國家針對共同面對的問題進行合作，例如北約組織與上海合作組織，就有關反恐戰爭、反毒品走私，以及各項重要安全議題的情報交換，或戰略對話等，進行功能性的互動與合作；（三）美國與中共（有時可以歡迎俄羅斯加入）建立廣泛的低階合作計劃，包括修建邊界檢查站、增加軍事人員的互訪及功能性互動、在邊界地區執行清除地雷活動、針對毒品、槍枝、人口走私偷渡事件的情報交換及查緝、支持建立有關愛滋病防治教育、治療，以及照顧中心、增加中亞國家內部的社會福利機構與設施，包括興建學校、醫院、診所，以及職業訓練中心等；（四）美國當局在與中亞地區的國家互動時，仍然需要繼續在政治改革及人權的議題上，保持關注的態度與立場；（五）整體而言，中共已經成為中亞地區的主要活動參與者，同時也是無法被忽視的要角。因此，美國在介入中亞地區時，有必要積極地與中共方面，建立合作性的互動，一方面從上海合作組織中瞭解其中亞佈局的政策動向，另一方面也要讓北京當局

備忘錄一一九

中國大陸與東協的經濟互動趨勢

時間：二〇〇三年十月九日

十月七日，大陸總理溫家寶在印尼峇里島參加「中」日韓領導人第五次會議，簽署「中日韓推進三邊合作聯合會宣言」，同時並參加第七次東協與「中」日韓領導人「十加三」會議。溫家寶除了積極推動大陸與東協建立自由貿易區的計劃外，在「十加三」的會議中，溫並提出四項建議：（一）研究建立東亞自由貿易區的可行性；（二）推動東亞財政金融合作，逐步落實「十加三」各方就建立亞洲債券市場達成的初步共識，探討設立區域投資合作事宜；（三）加強政治和安全對話，開展非傳統安全合作，共同維持得之不易的和平發展關係；（四）拓展社會，特別是文化科技合作，建立「十加三」公共衛生、青年交流、文教和高科技等新的合作機制。隨後，東南亞國協（ＡＳＥＡＮ）領袖亦在十月七日簽署「峇里協定二」，為東南亞地區的經濟整合繪出藍圖，期能在二〇二〇年之前，組成歐洲式的經濟共同體，與崛起的中國大陸和印度分庭抗禮。據此觀之，中共與東協的互動，雖然有「中國—東協自由貿易區」的籌建計劃正在進行，但是雙方的關係在美、日，以及印度等國的力量牽引下，仍有許多複雜的變數有待處理。現謹將近日在國際主要英文媒體，包括亞洲華爾街日報、國際前鋒論壇報，以及新加坡海峽時報等，就有關中共與東協在經貿及安全議題上互動的分析，以要點分述如下：

第一、二〇〇二年十一月，中共在十六大的報告中，公開提出「以鄰為善、與鄰為伴」的外交戰略，並強調「在任何時候決不會做欺鄰、壓鄰、擾鄰之事，只會做睦鄰、安鄰、富鄰之事」；其次，中共方面認為，目前國際總體格局雖是和平與發展，但區域衝突仍不斷，簡單歸納即是「北穩、南擾、東憂、西亂」，其中，東邊的台獨與西邊的疆獨，讓中共兩面受敵。換言之，中共必須設法穩住局面，並積極化解與中共有疆界糾紛的中亞、南亞，以及東南亞國家等，在軍事安全上的顧慮。因此，中共一改過去對區域經濟及安全組織的排拒態度，積極發展上海六國合作組織和東協「十加三」合作協定，並朝向綜合經濟合作與軍事安全互動等多功能組織型態發展。

第二、中共與東協十國共同發展的自由貿易區，將包括十七億人口及二兆美元的國民生產毛額（ＧＤＰ）。單就人口數而言，「中國—東協自由貿易區」是全世界最大的自由貿易區。這項自由貿易協定考量到東協十國在經濟發展上的差距，因此決定在二〇一〇年時，先落實中國大陸與汶萊、印尼、馬來西亞、菲律賓、新加坡、泰國等六國間的自由貿易互動。隨後，並在二〇一五年時拓展到越南、高棉、寮國、緬甸等四國。目前，中共方面為加速推動這項計劃，並順勢成為「十加三」的領導者，也祭出一套「提早豐收」的專案，針對東協國家輸往大陸的農產品等，給予優惠的關稅減讓措施。對於東協國家而言，中共的這項做法無異於逐步地與東協國家，建立「經濟互信機制」。例如，中共對於馬來西亞的五九〇項農產品，將在二〇〇四年一月開始，給予關稅減讓，以增加其產品在大陸市場的競爭力。另外菲律賓的農業品也將在明年一月開始受惠於這項「提早豐收」政策。

第三、在今年的東協國家組織會議中，印尼總統提議，推動東協參照「歐洲安全社區」的型態，在二〇二〇年時，成立「東協安全社區」組織，以共同合作就有關東南亞地區的反恐行動、反跨國性犯罪活動，以及區域內的相關爭議等，進行組織內國家的互助合作，以達到維護共同利益與安全的目標。但是，以現階段東協國家運作的實況觀之，東協組織仍然面臨資源不足的難題，即以東協秘書處為例，其預算及可運用的資源，顯然無法負荷各項龐大計劃的要求。同時，東協組織代表的權威性亦無法確立，因為東協的會員國，除了少數國家的領袖在國內享有穩固地位外，多數的會員國領袖隨時都可能在國內面臨政敵的嚴酷挑戰。換言之，東協國家組織在倡議建立「東協安全社區」的構想時，也同步地暴露出其會員國本身的脆弱性。然而，對於建立「東協經濟社區」的計劃而言，東協國家的領袖們均表現出高度的支持態度。正如同「美國—東協商會」會長鮑爾指出：「東協會不會邁向整合市場，美國正拭目以待」，其並進一步強調，東南亞若不整合，「美國商會將維持現行的投資方式，把資金擺在更大、更有效率的市場，例如中國大陸和印度」。據此觀之，「中國—東協自由貿易區」已經成為東南亞國家生存發展的重要基礎。

備忘錄 一二〇 中共發展太空科技的戰略意涵

時間：二〇〇三年十月十五日

十月上旬，中共官方媒體報導指出，備受矚目的「神舟五號」載人太空船發射準備工作，已經進入倒數計時階段。另據「新華社」報導，「嫦娥」月球探索計劃，亦將在三年內把探月衛星送上月球軌道，並準備環繞月球運行一年。但是，多數太空科技專家表示，中共未來無論是探月還是登月，都將取決於中共是否能夠在近期成功地發射載人太空船。同時，西方的觀察人士亦認為，中共耗費巨資發射「神舟五號」載人太空船，主要目標是在激發中國民眾的自豪感，提高中國大陸共產黨的聲譽，同時也將向世界展示中共的太空科技能力。但是，如果這次發射失敗的話，中共將會「大失顏面」，並影響到整個太空科技發展的計劃。此外，美國國防部官員石凱明中校和傳統基金會的專家武爾茲博士均強調，中共的載人太空科技發展計劃，具有相當濃厚的軍事意涵，尤其是對於防阻美軍介入台海戰事，以及增加攻擊台灣的導彈和巡弋飛彈的準確度等，都有實質性的影響。換言之，中共的太空科技發展雖然還不致於趕上美國的科技水準，但是中共在偵蒐衛星、導航衛星，甚至「殺手衛星」等的發展，以及其所將帶給西太平洋和台海地區戰略平衡的衝擊，都不能夠等閒視之。今年三月中旬、九月中旬，以及十月上旬，美國耶魯大學「耶魯全球網」（Yale Global Online），相繼發表有關中共太空科技發展及其戰略意涵的研究報告，其中包括：「Chinese Astronauts to Compete for Final Frontier」、「China Space Program Makes US Anxious」，以及「China Bids for the High Ground」等三篇論文。現謹將其要點分述如下：

第一、美國海軍戰爭學院的專家認為，要探討中共發射載人太空船的戰略意涵，可以從四個面向來切入：（一）為什麼中共要耗費巨資發展載人太空船計劃？（二）中共方面在發展載人太空船計劃中，到底撥發了多少經費？（三）中共所規劃進行的載人太空船發射計劃會成功嗎？（四）美國民眾對中共方面發射載人太空船的成功，將可能出現那些反應？目前，美國的軍事專家指出，中共若能成功地將太空人送上太空軌道，成為繼美俄兩國後，第三個送人上太空的俱樂部成員，此不僅代表中共太空科技已經邁入新的境界，同時也向世人展現出，其在軍事科技，尤其是在彈導飛彈的技術，以及人造衛星的技術上，都有明顯的突破。這種科技的發展程度，勢必會引發美軍方面的聯想與顧慮，並開始思考其對美國的衛星導引武器，以及通訊衛星的安全，所可能帶來的威脅。

第二、中共這項代號為「九二一工程」的載人太空船發射計劃，已經訓練了十四位太空人。這些太空人都是選自共軍戰鬥機飛行員，而實際主導太空科技發展及負責太空船發射單位，則是共軍的戰略導彈部隊。據瞭解，共軍方面計劃在二○○一年至二○○六年間，發射三十枚人造衛星，其中還包括載人太空船的發射在內。此外，中共的太空技術發展部門還陸續地與德國、俄羅斯、英國、巴西等國家，共同研發不同功能的太空技術，包括比美國的全球衛星定位系統（GPS），更為精確的自主性衛星導航系統。這種衛星導航系統不僅可以增強中共所屬彈導飛彈的攻擊能力及準確度，甚至還可以擺脫美國衛星導航體系的控制。同時，這項衛星導航系統將可能導致美國製的飛彈及需要衛星導航的武器，失去在軍火市場的競爭力；此外，中共與英國合作開發的微小型衛星技術，對於強化中共軍方的太空作戰能力，亦有具體的影響；至於中共軍方是否會發展「雷射殺手衛星」武器，也將是西方人士關注的重點。由於中共軍方對於其本身的軍事科技能力與美國間的懸殊差距，完全瞭然於胸。因此，中共極可能會在太空軍事科技的領域上，積極從事於發展破壞美國衛星的武器，藉以維持雙方的戰略性均勢。

第三、目前有不少西方的觀察人士認為，中共方面已經積極地研發「陸基型」的雷射武器，用來打瞎敵國的人造衛星。但是，如果中共軍方能夠成功地將太空人送上太空軌道上的太空站，或者藉太空船在軌道上運行的時刻，親自操作已經部署在太空站或太空船上的「雷射武器」，並對敵國的通訊衛星、雷達衛星、偵蒐衛星，或者導航衛星等，進行直接的攻擊，其所造成的殺傷力和攻擊效果，將遠遠超過地面上的「雷射武器」。換言之，一旦中共的載人太空船連續發射成功，此也將代表中共的太空衛星作戰能力，可能已經登上另一個新的台階。這種

備忘錄 一二一

台海兩岸互動的最新形勢

時間：二〇〇三年十月二十五日

十月二十四日胡錦濤在澳洲表示，台獨威脅著台灣海峽地區的和平，也威脅著中國的領土主權完整，大陸方面絕對不容許台獨。隔一天，陳水扁在高雄宣稱，台灣是主權獨立的國家；台灣反對一個中國，拒絕一國兩制，主張台灣、中國是一邊一國。此外，陳強調其將透過公投方式，於二〇〇六年催生新憲法，並在二〇〇八年正式公佈實施。據此觀之，美國在這段期間，顯然無法改變陳水扁將「台灣新憲說」及「一邊一國論」的主張，做為其選戰主軸和未來國家發展方向的決定。但是，美國對於中共大幅增加對台軍事力量的憂慮，以及其需要中共在國際議題上的合作，包括反恐行動、北韓核武問題等，卻又無法釋懷與割捨。因此，在面對日趨複雜的台海形勢，美國政府內部已經展開新一輪的對台政策檢討，評估如何因應台獨逐漸成形的變局，並研擬台灣總統大選後的美國對台策略。至於中共方面，隨著台海形勢的變化，其也在進行「對台工作領導小組」的調整，而目前的陣容包括：組長胡錦濤、副組長賈慶林、秘書長唐家璇、組員則有軍委會副主席郭伯雄、副總參謀長熊光楷、海協會長汪道涵、統戰部長劉延東、國安部長許永躍、國台辦主任陳雲林，以及中共中央辦公廳主任王剛等。就成員的分工特性研判，以胡錦濤為首的對台工作機制，仍然將繼續運用「和戰兩手」的對台策略。十月十六日，美國華府智庫「戰略與國際研究中心」，在夏威夷的機構「太平洋論壇」（Pacific Forum CSIS），發表一篇由前國務院中國科長布朗博士（David G. Brown）所撰，題為「Pernicious Presidential Politics」的研究報告，對台海兩岸互動的最新形勢，有深入的剖析，其要點如下：

第一、北京當局在面對二〇〇四年台灣總統大選前的台海形勢變化，雖然刻意地保持節制的態度，並將陳水扁提出有關公民投票、一邊一國、制憲建國等主張，視為選舉語言，而不加以理會。同時，對於陳水扁政府所提出的兩岸經貿互動方案，包括貨運便捷化、金融機構交流等，也將其看做陳水扁的選戰花招，而不願意嚴肅地考慮恢復兩岸協商的管道，以針對這些方案進行討論。然而，隨著陳水扁在強調「台灣主權」及「人民主權」的政治訴求，不斷地突顯出台獨路線，甚至提出「時間表」之後，儘管北京再想克制反應的態度，台海的形勢仍將會隨陳水扁的選舉主張日益激烈，而趨向於不穩定，甚至導致惡化的狀態。

第二、陳水扁陣營的選戰主軸，首先運用ＳＡＲＳ及ＷＨＯ大會中，中共代表對台灣的輕蔑態度，做為激發台灣人民主權與尊嚴意識的動源。隨後，扁陣營推出公民投票的訴求來凝聚民意，並要求就加入ＷＨＯ、反核四，以及國會改革等議題，進行公民投票。然而，這項策略在「國親聯盟」同樣支持公投的形勢下，並未如願地突顯出扁陣營的特色。因此，陳水扁決定祭出更激進的主張，希望能夠達到「一石三鳥」的效果，一方面爭取民進黨傳統票的支持；另一方面刻意激怒中共，以發揮「仇共牌」的效果；同時，其還可以分化「國親聯盟」，挑撥國民黨「本土派」的情緒。就具體的行動步驟觀之，九月六日的「台灣正名大遊行」、九月二十八日的民進黨黨慶大會，提出「二〇〇六年新憲說」、十月二十五日的「公投新憲大遊行」，以及計劃在二〇〇四年二月二十八日舉行的「百萬人手護台灣大遊行」等，都是陳水扁刻意拉高選戰主軸，以激化兩岸關係，並運用台海形勢趨向緊張的氣氛，來營造「台灣主權」及「人民主權」訴求的正當性。

第三、今年七月一日的香港居民反對基本法二十三條立法大遊行，以及其後續的發展狀況，讓陳水扁陣營獲得一個相當有力的論述基礎，以表達反對中共的「一國兩制」。同時，這項論述還被進一步擴大解釋為，台灣爭取「國家主權」的理由。然而，兩岸間的經貿互動關係，卻沒有受到雙方政治主張日趨對立的影響，反而呈現快速的成長。據估計，今年的兩岸進出口貿易總額將可能達到五〇〇億美元的水準。不過，目前已經有越來越多的外資企業人士表示，兩岸的政治僵局在短期內將難有化解的機會，同時，在陳水扁陣營不斷地祭出激烈的政治主張之後，很難保證中共方面會繼續地採取克制的態度，或者繼續地透過美國向台灣方面施加壓力。對於美國而言，台海的和平與穩定，關係到美國重大的經貿及安全利益。但是，從最近在台灣內部所發生的政局變化，以及陳水扁政府表現出的激進做法觀之，美國在台海地區，甚至對台灣內部的形勢，其所能夠發揮的影響力，已經明顯地在下滑當中。

備忘錄 一二三

美國與中共互動的最新形勢

時間：二〇〇三年十月二十八日

十月二十六日，美國商務部長伊凡斯抵達北京訪問五天，並將與中共方面商討一系列敏感的「中」美經貿議題，包括人民幣匯率、貿易平衡，以及開放大陸市場等。今年九月中旬，美國商務部成立「不公平貿易操作調查小組」，做為因應導致美國勞工大量失業的中國大陸廉價出口產品問題。這一次商務部長伊凡斯到北京，將會向中共方面強調，中共目前的貿易手段，是榨取美國開放的市場，對美國工人不公平。同時，伊凡斯也將向大陸當局表達，大陸廠商侵犯智慧財產權、設置貿易障礙，以及金融市場的透明化等問題的關切，並要求中共當局加速立法和開放大陸市場的腳步，以增加雙方繼續合作的空間。然而，中共方面針對伊凡斯的來訪及其所將碰觸的議題，顯然已經將之定位為政治性因素所左右的事項。中共官方媒體即表示，伊凡斯所要談的經濟問題，背後都有政治利益的考量，例如美國國內失業率上升、總統大選日益迫近、部份產業快速萎縮等，都將使問題的本身更加複雜，並影響雙方經貿關係的健康發展。此外，中共方面強調，伊凡斯如果不是帶著誠意而來，將不會帶著成果而去。換言之，美「中」雙邊的互動關係，在近兩年來，隨著反恐戰爭及朝鮮半島核武危機議題的合作面擴大，而有趨向建設性發展的氣氛。但是，從雙方近日以來，接連對經貿議題、武器擴散議題，以及人權議題的分歧看法觀之，美「中」關係的本質仍然無法擺脫「既聯合又競爭」的基本格局。今年十月下旬，美國華府智庫「戰略與國際研究中心」，就由在夏威夷的「太平洋論壇」所主編的「Comparative Connections」東亞雙邊關係電子報中，發表一篇由葛來儀（Bonnie S. Glaser）所撰寫的「The Best Since 1972 or the Best Ever?」分析報告。文中針對美「中」關係的最近狀況，提出深入的剖析，其要點如下：

第一、美國國務卿鮑爾日前在華府的一場公開演講中指出，中共方面在朝鮮半島核武危機的議題上，扮演的領導性角色及積極性的貢獻，已經為美「中」雙邊的合作關係，奠定了重要的基礎。隨著北京出面舉行「六邊會談」、北京當局同意配合美國執行「貨櫃安全計劃」，以及美「中」針對維持台海現狀及和平穩定的互動等經驗，雙方已經逐步地培養出，合作處理重大議題的習慣與默契。但是，也就是在同一段期間內，美「中」之間就有關人權保障的議題、武器擴散的議題、禁止美國高科技出口到大陸的議題，以及人民幣升值的議題等，仍然存在明顯的分歧利益。換言之，美「中」之間的合作層面已經明顯擴大，不過，其雙邊關係的底層，卻仍停留在「相當脆弱」的基礎之上。

第二、雖然北京當局在北韓核武危機上扮演建設性的角色，而且也獲得美國方面的肯定。但是，中共亦同時要求美國方面，能夠對北韓提出一套明確的解決問題方案。對於美國而言，一旦朝鮮半島的問題和平落幕，其積極主張結合東亞國家，建構飛彈防禦體系的正當性基礎，也將會明顯地鬆動。因此，中共及北韓方面甚至懷疑，美國並沒有意願提供北韓銷毀核武的安全保證與誘因。換言之，美「中」雖然藉由朝鮮半島核武危機，而增進了雙方的合作空間與氣氛，但是，雙方之間在東北亞的深層利益矛盾，仍然顯而易見。

第三、近日以來，美「中」在反恐戰爭的合作項目，有相當具體的進度。北京當局已經同意美國的反恐執行人員及海關人員，跟中共的官員一起，在上海及深圳的港口，對貨櫃輪進行安全檢查。不過，美國方面對於中共所屬的國有企業，向第三世界國家輸出飛彈技術、毀滅性武器擴散有關的設備，以及零組件等，仍然採取嚴厲的監控及制裁措施。同時，美國為抗議中共繼續向巴基斯坦輸出飛彈技術，明令禁止美國公司的人造衛星，交由中共的火箭負責發射升空。換言之，美「中」互動的過程中，北京方面是否願意配合美國的「反武器擴散協定」，停止對外輸出核生化武器及彈導飛彈的技術等，將成為後續評估美「中」雙邊關係的重要指標。

第四、今年七月三十日，美國國防部公佈年度的中共軍力評估報告指出，中共在台海地區的軍力部署，除了四百五十枚短程導彈外，其主要的軍力部署重點，是刻意提高美軍介入台海戰爭的困難度。至於中共方面則宣稱，台海島內的台獨勢力，才是威脅台海地區和平穩定的最重要因素，因此，其要求美國停止提升與台灣方面互動的層級，以避免傷害美「中」的雙邊關係。換言之，「台灣問題」仍然是觀察美「中」互動的重要窗口，而台灣內部形勢的變化，尤

備忘錄 一二三

陳水扁操作「兩岸三邊牌」的動向

時間：二〇〇三年十一月三日

十一月一日，陳水扁在紐約表示，其將推動公投和制訂新憲法，並宣稱民進黨提出一邊一國、公投、制定新憲等主張，已經站在台灣社會主流價值這邊。不過，就在十月三十一日下午，李登輝在「挺扁總會籌備大會」上脫口而說出：「這戰若不贏，我就要逃到國外活命」。綜觀陳水扁的「公投制憲說」和李登輝的「逃命說」顯示，陳李兩人已經成為「台獨生命共同體」，但是，李登輝卻沒有為「台獨建國」獻身的決心與意志，而陳水扁則是被「基本教義人士」牢牢地綁住，並推上火線繼續「困獸之鬥」。

目前，扁陣營的總統選戰主軸是以操作「公投制憲」為主軸，其階段性目標是「凝聚基本盤、刺激中共，並拖美國下水」，而終極策略則是以改變「藍綠基本盤」的結構，把藍營中的「本土派」版塊，全部搬過來。扁陣營認為，台灣的主流民意傾向於在維持政治自主性的基礎上，與中國大陸發展建設性的經貿互動關係，同時，對於中共的一黨專政威權體制，仍然充滿高度的不信任感；中共當局雖然表明台獨意味戰爭，但是面對美國的優勢軍力，亦有所顧忌；美國政府與國會基本上已經接受民進黨的遊說，認為兩岸維持分裂，更有利於美國在西太平洋

備忘錄 一二四

中共是維持現狀的強權嗎？

時間：二〇〇三年十一月七日

十一月六日，在中共當局的主導下，包括七位諾貝爾經濟獎得主和七位大陸學者，共同發表「珠海宣言」，主張實現所有國家和經濟體之間的相互開放，呼籲開發中國家進行經濟改革，並在全球建立支持世界經濟發展的金融秩序。這份「世界經濟發展宣言」是中國大陸首次以組織策劃和發起者身份，針對全球經濟發展和全球化進程，發表自己的觀點。同時，也是繼海南島博鰲論壇，創造中共與亞洲各國討論經濟發展的平台後，進一步提升中國大陸在世界經濟體系中的地位和影響力。就在發表「珠海宣言」的同一天，美國國務卿鮑爾在德州的「中美關係：過去、現在與未來」研討會中指出，美國不怕中國強大、和平繁榮，「我們歡迎，我們不覺得受到威脅，我們鼓勵這種發展」；此外，鮑爾強調，美「中」關係在未來五年將有重大進展，而這種夥伴關係將使全球性的重要議題也獲致進展。整體而言，中共當局積極地展現出「與鄰為善」，加強發展美「中」的建設性合作關係，在「珠海宣言」及「德州會議」中，已經有相當具體的動作。但是，中共真的已經融入世界經濟體系，成為「維持現狀」的強權之一嗎？美國哈佛大學政府學系教授Alastair Iain Johnston在「國際安全」季刊（International Security,

Spring 2003），發表一篇題為「Is China a Status Quo Power?」的論文，即針對中共在國際社會地位及影響力的變化形勢，提出深入的剖析，其要點如下：

第一、美國學界中的「中國威脅論者」認為，中國還不是一個文明國家，甚至是一個「欺騙者」；雖然中國的綜合國力不斷成長，是一個崛起中的強權，但是，中國對以美國為主體的世界格局不服，因此，其也將成為美「中」關係，甚至亞太地區不穩定的根源；此外，中國企圖挑戰現存的國際機制架構、規範，以及權力分配的模式，並藉解決台灣問題等途徑，排除美國在亞太地區的軍事優勢，進而改變美國單極的超強格局。現任的國家安全顧問萊斯在就職前，曾經於「外交事務雙月刊」為文指出，中國還不是一個「維持現狀」的強權。另外，代表美國新保守主義陣營的凱根（Robert Kagan）甚至強調，中國還不是國際社會中具有建設性貢獻的角色，同時，其將會對以美國利益為核心的國際秩序，構成明顯的威脅。

第二、檢視中共是否已經融入國際社會，成為「維持現狀」的強權或成為「修正現狀」的強權，可以藉五項指標評估：（一）參加國際機構的數量與程度；（二）願意接受國際組織規範的程度，或者在加入後積極企圖改變機構的規範；（三）企圖重新制訂國際組織規範的意願和能力；（四）對於國際體系中權力及資源重分配的規劃、理念，以及推動決心的強烈程度；（五）對於推動改變國際體系架構的決心，甚至不惜以軍事手段完成的態度。目前，中共方面所參加的國際機構數量，已經超過國際平均水準。同時，其在世界銀行、國際貨幣基金會、世界貿易組織等國際機構，都表現出相當遵守規範的行為。此外，中共在朝鮮半島、南中國海地區，都展現出配合美國利益的態度。但是，中共在台海地區的軍事部署，卻是以嚇阻美軍介入台海戰爭，為主要的核心戰略思維。至於中共對美日軍事同盟的看法，則是交雜著複雜的情緒。一方面中共認為美日軍事同盟是維持亞太地區穩定的基礎，但另一方面，其亦對此軍事同盟力量的擴張充滿戒心。

第三、隨著中國大陸經濟發展的程度逐漸地成長，中國與世界經濟體系的互賴關係亦日益密切。在大陸新興的中產階級中，其對美國及國際體系的態度，亦隨著其財富增加的程度，而呈現出「正相關」的趨勢。雖然，有部份國際人士認為，經濟發展因素將促使北京當局，不願意運用軍事手段來破壞現狀。但是台灣問題卻牽涉到更複雜的因素，並成為美國與中共間的重要議題，而雙方因此項議題而爆發軍事衝突的可能性，絕對不能低估。整體而言，中共當局目前傾向於加速融入國際社會，而不是在國際體系外，挑戰現存的秩序和規範。不過，有兩個重要的變數卻會迫使中共當局，改變目前的理性路線，轉而成為破壞國際社會現狀的修正主義者。第一個變數是大陸內部發生社會動亂；其次是中共與美國在台灣問題上，陷入安全抉擇的兩難，並進一步碰撞美國在亞太地區的既得利益現狀。對於美國而言，大陸內部受到市場經濟化的負面影響，而產生出來的社會、政治變動力量，進而衝撞國際經濟體系的穩定秩序，其也往往只能袖手旁觀。但是，美國對於台海問題引發的安全兩難困境，應該還有著力的空間。

備忘錄 一二五

中共的新國際安全觀

時間：二〇〇三年十一月十日

八月二日，「博鰲亞洲論壇」二〇〇三年年會在海南島的博鰲揭幕。大陸總理溫家寶在致詞時表示：「和平、安全、合作、繁榮，是中國的亞洲政策目標」；同時，溫強調，亞洲的經濟整合應該導向「新安全概念」，以對抗「不公平與不公正的老舊國際政治與經濟秩序」；此外，溫並指出，一個充滿活力、永不稱霸的中國，將為亞洲的崛起和振興做出新的貢獻。在同一場合中，新加坡總理吳作棟亦強調：「中國作為亞洲經濟增長最快的國家，將可以在亞洲面臨挑戰時發揮關鍵作用；中國致力於經濟發展，願意幫助他人，這對亞洲國家，特別是東盟十國，是一種安慰和鼓勵」。隨後，中共前副總理錢其琛在美國德州的「中美關係研討會」上表示，北京「三方會談」和「六方會談」的舉行，開啟了透過對話和平解決朝鮮半島核問題的進程，也增強了美中關係的戰略基礎；同時，中國願意在美中關係的差異中尋找共同利益的匯合點，並朝向開放透明的方向發展。今年十一月上旬，美國紐約重要智庫「外交關係協會」出版的「外交事務雙月刊」（Foreign Affairs, Nov/Dec 2003），即發表一篇由蘭德公司及哈佛大學研究員Evan S. Medeiros and M. Taylor Fravel兩位博士聯合執筆的專論，題為「China's New

Diplomacy」，全文對中共的新國際安全觀及全方位的外交政策內涵，有深入的剖析，其內容要點如下：

第一、近期以來，中共當局運用參與國際組織活動的機會，積極地展現出擁抱區域性和全球性事務的態度，一改過去不願意打交道的立場，轉而成為有意願扮演負責任大國的角色，尤其值得重視的是，中共方面在朝鮮半島核武危機的議題上，令人意外地成為具有正面貢獻的介入者。因此，國際人士不敢再忽視大陸內部政經形勢的變化，以及其在外交政策和國際安全戰略觀的調整。雖然，北京方面在新國際安全觀的發展上，仍需繼續觀察其動向，但可以肯定的是，隨著中國的崛起及其扮演積極性角色的意願日增，整個亞洲和世界將會和從前不一樣。

第二、一九九○年代中期開始，中共在國際關係的作為上，即陸續的進行各項拓展外交空間的措施。其中包括：（一）發展雙邊的經貿互惠及軍事安全合作關係；（二）參與國際上多邊性質的經貿和安全機制；（三）在國際組織中對全球性的經貿和安全議題提供協助；（四）外交人員和機構逐漸從人治轉型為專業化的機制，並運用細緻的手法，扮演國際社會中建設性的角色。就具體的行動成果觀之，中共在一九八八年至一九九四年間，增加了十八個邦交國，並以加強發展經貿和安全關係為重點；二○○一年中共在上海主辦亞太經合會的領袖高峰會議，同時，其並與俄羅斯簽署「睦鄰合作友好條約」；二○○二年及二○○三年，中共分別在上海和北京召開「中亞六國上海合作組織會議」，積極促進中亞地區在經貿發展和軍事安全上的合作關係；中共當局調整策略，積極參與以美國為主導的「東協國家組織」，以及其研討軍事安全議題的「東協區域論壇」，甚至提議增加東協國家與中共間的軍事交流活動。中共為拓展其與北約組織的關係，亦成為「亞歐高峰會議」的創始會員國；此外，中共陸續地與哈薩克斯坦、吉爾吉斯坦、寮國、俄羅斯、塔吉克斯坦，以及越南等邊界國家，成功地化解了邊界疆域的紛爭；關於南海地區的島嶼和海疆的爭議方面，中共亦採取務實的態度，接受東協國家的建議，暫時擱置主權的爭議，以共同開發的措施，與相關國家發展合作互利的關係。

第三、現階段中共的國際安全戰略觀及外交策略，是以「大國外交」為思維主軸。隨著大陸整體的綜合實力不斷地成長，其對於國際間的經貿活動、軍事安全，以及多邊性架構的國際機制，亦日趨重視。因為，中共方面瞭解到，在不挑戰美國霸權地位的前提下，中共積極地與國際經濟體系互動，並分擔國際安全的責任，將更有利於維持和平的周邊國際環境，促使中國大陸的經濟發展更上一層樓。然而，中共當局這種「大國外交」的新安全觀，在推動時，仍然將面臨各種不同的障礙及困難。今年四月間ＳＡＲＳ疫情的爆發，也就暴露出中國大陸政府體制中嚴重的盲點和缺失。對於有志成為國際社會中負責任的大國，中共就必須加強內部機制的監督與政策透明度，使中國大陸與世界經濟體系接軌時，不致於出現類似ＳＡＲＳ疫情威脅國際社會的不負責行為。此外，從美國的角度觀之，中共的領導階層已經充份地瞭解到，在未來的二十年間，正是中國發展國際關係，成為國際體系重要成員的最好機遇。然而，隨著中國角

備忘錄 一二六

兩岸關係國際化的動向

時間：二〇〇三年十一月二十四日

今年十一月上旬，陳水扁藉赴巴拿馬途中過境紐約的機會，公開向美國人士拋出「公投制憲論」，並強調其所主張的「台灣中國、一邊一國」是反映台灣的主流民意。隨後，陸委會的蔡英文亦前往美國華府及紐約，向美國官方人士和智庫學界闡述，扁政府所提出來的「公投制憲論」，是為了要提升政府的效率，以及深化台灣的民主改革。換言之，扁蔡兩人先後在美國發表政治主張，無非是希望獲得美方的背書，並進一步在逐漸國際化的兩岸關係中，爭取更多的籌碼和有利位置。十一月二十三日，中共外交部宣佈溫家寶將於十二月七日抵達美國訪問，據瞭解，溫此行的重點之一，是希望布希總統表明其容忍台灣的底線在那裏，因為中共當局認為美國應該發出明確訊息，以避免台灣誤判形勢。此外，中共當局為反制台獨的發展，已透過駐外使領館，向世界各國發出「說帖」表示：「台灣若踩紅線、中國只有動手」。整體而言，中共方面不僅宣稱兩岸關係是內政問題，同時，其也在國際社會上，全面封鎖台灣以主權國家身份參與國際組織的活動空間。此外，中共更積極運用美國及相關國家的影響力，藉以防堵台獨勢力的發展。至於扁政府方面，則是刻意地將兩岸關係納入國際性的架構，進而稀釋中共因素的影響力，並透過援引國際力量，來擴大國際活動空間。今年十一月中旬，美國華府重要智庫「美國大西洋理事會」，在其全球資訊網上發佈三篇文章，包括「Taiwan In International Organizations: Internationalization of the Taiwan-China Relationship」，「Taiwan and International Organizations: Assorted Obstacles」，以及「Democratization And Cross-strait Relations」，分別由卜睿哲和卜道維等三位資深專家撰稿。文中針對兩岸當局在國際社會上的角力，以及台灣政治民主化後，對兩岸關係本質的衝擊，都有深入的剖析，其要點如下：

第一、長期以來，中共方面認為台灣參加國際組織是在營造「兩個中國」或「一中一台」的基礎。同時，中共當局堅決反對台灣加入聯合國，並運用「一個中國的原則」，把兩岸關係限定在一個國家的內部事務範圍，並積極防範兩岸關係在國際性的組織架構中互動。不過，中共方面對於台灣參加不需要以主權國家身份為條件的國際組織，例如世界貿易組織、亞太經合會、國際奧林匹克委員會、國際網際網路協會，以及亞洲開發銀行等，則表現出不同的態度。但是，台灣方面之所以能夠在前述的國際組織中活動，主要還是因為受到美國的支持。然而，美國在「一個中國政策」的範圍之內，顯然無法全面性地支持台灣參與主要的國際組織，例如聯合國及其週邊組織，包括國際貨幣基金會、世界銀行和世界衛生組織等。

第二、從西方國家的觀點來看，中共當局在國際社會上，全面性地阻礙台灣參與國際組織的活動，其實是在傷害台灣人民的感情，正好造成對中共追求統一目標的反效果；此外，多數西方觀察人士雖然對台灣方面，力爭國際活動空間的作法表示同情，但是，對於國際社會中的現實面，以及台灣所面臨來自中共方面的反對和阻礙，包括國際法上對主權國家概念的堅持、兩岸國共鬥爭和二次世界大戰後所遺留的歷史糾紛，以及來自於相關國家內部的政治性障礙等，都使台灣在爭取參與國際活動空間，有意成為具有貢獻角色成員的理想，到最後往往都變成挫折和感傷。整體而言，自從中華人民共和國取代中華民國，成為代表中國在聯合國的席位後，台灣的國際活動空間即遭受到日益緊縮的處境。就以台灣爭取參加世界衛生組織為例，中共當局堅持北京是中央政府，台灣是地方政府，因此台灣沒有資格加入聯合國的周邊組織—世界衛生組織。至於台灣積極爭取美國及相關國家的支持，想成為世界衛生大會的觀察員，對中共而言，其認為台灣是在為爭取成為正式會員舖路。一旦台灣成為正式會員，等於是承認台灣是一個主權國家，此與「一中一台」或「兩個中國」何異。因此，北京當局仍然不惜在與美國交鋒的狀況下，堅決封殺台灣成為世界衛生大會觀察員的提案。

第三、從國際現實面觀之，台灣想參與國際組織，爭取國際活動空間，只有兩條路可以嚐試：（一）在兩岸關係的架構下，發展出國際活動空間，但是卻必須在政治地位上接受中共的安排；（二）採取長期抗戰的策略，運用各種途徑與方式，累積在國際社會生存發展的籌碼。但是，台北的政府與人民必須要有高度的耐心與現實感，同時也必須務實地瞭解，美國在這個方式所能夠提供的支持，將不可能是無條件的，因為美國與中共間還有許多重要的議題，必須

備忘錄一二七

二十一世紀初的美「中」戰略關係

時間：二〇〇三年十一月二十五日

十一月二十三日，中共外交部宣佈國務院總理溫家寶，將應美國總統布希、加拿大總理柯雷提昂、墨西哥政府和衣索匹亞總理梅萊斯的邀請，於十二月七日至十六日，前往上述四國訪問，同時，中共外交部並發表溫家寶於十一月二十一日，接受美國華盛頓郵報專訪的內容。在專訪中，溫家寶針對美「中」關係的重大議題，包括雙邊的經貿互動、人民幣匯率、朝鮮半島核武危機、大陸內部的經濟結構性難題，以及「台灣問題」等，提出相當深入的剖析。尤其是在談到中共希望美國如何處理當前台海情勢的問題時，溫家寶表示，「中國人民會不惜一切代價，維護祖國統一」，並「希望美國政府能夠注意到台灣當局領導人破壞國家統一的嚴峻性和危險性，不要向他們發出錯誤信號，應該採取有助於台海局勢和平與穩定的實際行動」。據報導，在溫接受專訪之前，中共中央軍委主席江澤民已經下令解放軍做好開戰的準備，同時也裁示要給美國一個機會。因此，溫家寶在專訪中仍然強調，中共並不希望事態發展到這一地步，也仍將不放棄爭取和平的努力。換言之，中共顯然有意繼續運用與美國間的建設性合作關係，共同處理「台灣問題」。今年十一月上旬，美國華府重要智庫「美國大西洋理事會」的亞洲部門主任蓋瑞特博士（Banning Garrett），發表一篇題為「Strategic Straightjacket: The United States and China in the 21st Century」的研究報告，即針對美「中」戰略關係的特質，提出深入的剖析，其要點如下：

第一、美國總統在二〇〇二年九月發佈的美國國家安全戰略文件中指出，美國歡迎中國大陸朝向強大、和平與繁榮的方向發展，同時，也希望能夠加強與變動中的中國，發展建設性的互動關係。此外布希政府積極地鼓勵中國大陸參與國際性的政治、經濟和安全機制，並逐漸擔負重要的責任，成為一位國際社會中的貢獻者。今年九月間，國務卿鮑爾公開強調，現階段的美「中」合作關係，是自尼克森第一次訪問大陸以來，狀況最佳的時刻。然而，美「中」的互動關係雖有顯著的改善，但美國仍積極地與日本強化軍事合作的深度，以防範萬一與中共的關係發生變化，甚至翻臉時，美國不致措手不及。此外，美國對中共可能採取武力手段解決台灣問題的狀況，亦不敢掉以輕心。因此，在布希政府內部也有部份人士反對美國與中共積極交往的政策，並表現在二〇〇一年十月間，當江澤民有意要求布希總統恢復全面性的美「中」軍事交流，而布希總統卻在這群人士的反對與阻撓下，無法爽快地回應江澤民的建議。

第二、目前美國國防部的文人領導群和副總統錢尼的安全顧問弗烈德柏，基本上都把中共視為美國潛在競爭對手。這群主張要有效圍堵中國大陸勢力擴張的人士認為，中共在經濟力和軍事力日益強大的狀況下，遲早有一天會威脅到美國的國家利益。因此，思考如何延緩或阻止中共勢力的成長，並以具體的行動達成此目標，便成為符合美國國家利益的戰略。芝加哥大學教授米夏默爾強調，中共在亞洲的勢力擴張，將會推動其「門羅主義」，並將美國勢力逐出亞洲，因此，美國應該想辦法延緩或阻止中國大陸的成長，以避免當美國與中共發生衝突時，迫使美國付出重大的代價。不過，這群「圍堵中國論者」忽略了美「中」互動的客觀事實。基本上，美國在冷戰時期即是採取積極性的交往政策，與共產主義集團進行制度優劣的競賽。結果，美國的市場經濟制度和自由民主的生活方式，打敗了共產集團的意識型態和政治結構。換言之，美國運用積極與中共交往，並發展建設性合作關係的策略，不但可以逐漸促使中共分擔國際責任，成為國際體系中的重要成員，還可以透過互動的方式，用市場經濟和自由民主的生活方式，改變中國大陸社會的本質。

第三、在面臨全球化的競爭趨勢挑戰下，中共對美國的戰略思維，除了把握「和平與發展」的原則，積極強化與美國的建設性合作關係外，顯然也沒有其他的選擇。目前，美國是大陸產品重要的出口市場，也是大陸經濟發展所需要的資金和技術等，重要的來源。因此，中共當局也願意加強配合美國的政策，在國際上發揮建設性貢獻者的角色，包括共同執行反恐戰爭、維持朝鮮半島的穩定、促進中東地區的和平、防止大量毀滅性武器的擴散，以及保持台海的現狀，避免局面失控造成軍事衝突的危機。不過，一旦美國政府當局受到來自於政府內部及國會的壓力，要求支持台灣獨立，而台北方面亦配合宣佈「法理上的獨立」，則美「中」的關

備忘錄 一二八

現階段美國與中共互動關係的基礎

時間：二〇〇三年十二月八日

十二月七日，大陸國務院總理溫家寶啟程前往美國訪問，陪同溫赴美的官員包括外交部長李肇星、國家發展和改革委員會主任馬凱、國務院研究室主任魏禮群、國務院副秘書長汪洋、外交部副部長周文重、商務部副部長馬秀紅，以及總理辦公室主任丘小雄等。據報導，有不少北京的觀察人士認為，儘管布希政府強調目前「中」美關係處於三十年來的最佳狀態，但是，由於雙方的貿易衝突相繼浮現，加上台灣政局變化的不確定因素，使得溫家寶的美國行佈滿「地雷」。甚至有若干人士推測溫的訪問，可能會重演當年朱鎔基自美返國後，即爆發大陸駐南斯拉夫使館遭美國導彈炸毀的「裡外不是人」局面。至於西方國家的主要媒體和觀察人士則表示，溫家寶的華府之行，仍將要求美國明確表達「反對」台獨的政策態度。但是，在美國國安會資深官員莫健穿梭台北、北京與華府之後，中共方面對於近期台灣公投立法問題，以及其所引起的美「中」關係磨擦和猜疑，已經在明顯地消退當中。換言之，美「中」的互動關係，將可能在溫家寶的訪問中，就有關雙方重大利益的議題，發展出更具體的「共同利益」，並降低「分歧利益」議題的障礙。今年十一月中旬，位在美國西雅圖的重要智庫「國家亞洲研究局」（The National Bureau of Asian Research），出版其「戰略亞洲」專案研究的第三本報告「Strategic Asia 2003-04:Fragility and Crisis」。這本由現任美國副總統錢尼的國家安全顧問Dr. Aaron L. Friedberg擔任共同主編的報告，發表一篇由Dr. Thomas J. Christensen所撰寫的專文「China: Sources of Stability in U.S.-China Security Relations」，針對現階段美「中」互動關係的基礎，提出深入的剖析，其要點如下：

第一、現階段的美「中」互動關係，是自尼克森訪問大陸以來，雙方處於最佳的建設性合作狀態。目前多數的觀察人士認為，整體的國際環境因素和雙方內部的政治氣氛，正積極地促進這種建設性合作關係，朝向更加深化的方向發展。除非在未來的幾年，雙方的互動基礎受到重大因素變化的衝擊，或者為朝鮮半島問題翻臉。否則，美「中」關係要回到二○○一年布希政府的對華政策路線，即是將中共視為會威脅到美國國家利益的「戰略競爭者」，其可能性恐怕不高。

第二、目前美國與中共在共同合作處理，有關「反恐戰爭」的議題和朝鮮半島核武危機問題等，有漸入佳境的氣氛。同時，美國方面明確地表示其不支持「台灣獨立」的態度，也讓北京當局降低了對美國戰略意圖的疑慮，並願意在中亞地區、南亞地區、東南亞地區，以及中東地區，儘量配合美國執行其外交和安全政策。此外，北京當局的「大國外交」政策，有意積極強化與美國的合作關係，更獲得來自於大陸內部的支持，其中的原因包括：（一）美國與中共對於維持台海現狀的共識與默契日趨穩固；（二）大陸與台灣的經貿交流活動益形密切；（三）中共在軍事能力的發展上漸有自信；（四）北京領導人瞭解到其與美國關係的惡化，將對大陸整體的經濟發展和內外安全環境，造成明顯的負面效果。

第三、中共當局的國家安全戰略目標包括：（一）維持共產黨政權的安全與穩定；（二）保持國家主權的統一與領土的完整；（三）建立國際性的聲望與影響力。目前北京的領導人運用經濟環境的改善，來發揮穩定政治社會基礎的功能。此外，中共方面也開始利用其經濟資源和影響力，做為推展其國際安全戰略的工具，尤其是在亞洲地區的周邊國家和國際性的組織中，發揮具體的效果。北京的戰略規劃圈人士認為，未來的二十年將是中國大陸重要的「戰略機遇期」，而這個機遇甚至還包括推動政治自由化和民主化的大工程。換言之，在未來的二十年，中國大陸與美國維持建設性合作關係，才是符合中共利益的妥當做法。

第四、對於多數亞洲的國家而言，他們不希望美「中」有重大的變數出現，並迫使他們必須要面臨選邊的難題。換言之，美「中」在亞洲地區爆發激烈衝突，勢將嚴重地破壞亞洲國家的關鍵利益，因此，目前在亞太地區的國際環境中，多數國家都樂意看到美國與中共間的「建設性」合作關係，能夠繼續地發展下去。在美國與中共互動關係中的「台灣問題」，雖然隨著台灣的總統選舉而屢有波折。但是，美「中」雙方顯然已經對維持台海現狀，有相當程度的共識與默契。因此，台海地區在這次台灣內部進行總統大選期間，將不太可能會爆發危機狀況。

備忘錄一二九

陳水扁操作「兩岸三邊牌」的動向

時間：二〇〇三年十二月八日

十二月七日，國民黨主席連戰提出以「拚經濟、拚和平、救台灣」，做為總統大選的主軸。隨後，連戰並強調，台灣最好的防禦是「再創經濟奇蹟」，而不是防禦性公投；此外，連戰更「慎告」陳水扁，防止戰爭的防線不在國內，而在對岸。

與此同時，陳水扁在台中宣佈，明年三二〇總統大選將同步舉行防衛性公投，而公投的題目是：「兩千三百萬人民，非常堅定要求中華人民共和國撤除瞄準對台灣的飛彈，並公開宣示不再對台灣使用武力」。針對陳水扁所提出的主張，連戰立即表示，扁政府現在好像義和團，以為公投就可以擋飛彈；同時連戰更明白地指出，現在老百姓苦的是經濟、是失業、是教改，而陳水扁只記得選舉和他的總統大位，早已把窮苦的人民忘記了。

綜觀近日以來藍綠兩軍在「公投新憲」議題的交鋒，以及美國與中共方面對此議題的反應，吾人基本上已經逐漸釐清整個選戰的形勢：（一）藍軍在「國家主權」和「人民主權」的場域，運用「新憲三部曲」擋住綠軍的攻勢，並將大選的主軸拉回「民生經濟」的制高點；（二）綠軍原本企圖運用「公投制憲及深化民主」策略，達到「分化藍軍、激怒中共、獲美支持」的算盤，在藍軍團結及美「中」默契結構因素堅實的狀況下，已經很難再有挑撥的空間；(三)美國政府內部雖有對華政策的路線競爭，但是，在美國與中共的「共同利益」明顯超過「分歧利益」的氣氛下，溫家寶之行將可能相當平順，而扁陣營希望看見的衝突場景，已經不太容易出現；(四)中共內部願意接受美國承諾「不支持台獨」的表態，並希望與美國共同維持「台海現狀」，因此，其將繼續以文攻形式，批扁「挑釁兩岸現狀」，指其不僅是「麻煩製造者」，更是「危機製造者」。至於在武嚇方面，中共只會以鴨子划水的方式進行，但決心不變。

十二月七日，國安會副秘書長江春男自美返國，並帶回不同於先前邱義仁、蕭美琴、蔡英文等人士的訊息。江在訪美期間已經明顯地感受到美方對陳水扁過度操作「公投制憲台獨」議題的不滿與不耐，同時也對陳水扁的善變性格，提出具體的質疑。換言之，陳水扁所操作的「兩岸三邊牌」，已經再度陷入困境，甚至讓美方人士也失去了對他的信任。不過綠軍是否會藉明年「二二八大遊行」，一舉以激烈手段「突圍」，則是國民黨必須嚴陣以待的重點。

備忘錄一三〇 **美國與中華民國關係的發展動向**

時間：二〇〇三年十二月十日

十二月八日，大陸國務院總理溫家寶抵達美國進行訪問。並在拜會聯合國秘書長安南時表示，「和平統一、一國兩制」是解決台灣問題最根本的原則。同時，溫強調，只要還有一線希望，大陸政府不會放棄和平解決台灣問題。隨後，安南也在記者會上重申聯合國支持一個中國政策，並呼籲海峽兩岸透過和平方式解決分歧。此外，布希將於九日在白宮接見溫家寶，並討論北韓、台灣、武器擴散，以及貿易等問題。自從陳水扁提出「公投制憲建國」時間表和「防衛性公投」等議題，做為明年總統大選的主軸之後，「兩岸三邊」曾經陷入相當複雜而敏感的緊張狀態。扁陣營寄望美國的「反中人士」，能夠支持其「公投制憲」策略，進一步切割台灣與中國大陸的關係。但是，美國政府考量到其與中共在多項戰略性議題上，有相當多互利合作的空間，顯然不願意讓陳水扁的策略，破壞台海的現狀，造成「兩岸三邊」形勢的失控。因此，美國國務卿鮑爾一再重申，美國的「一個中國」政策基於三項公報和台灣關係法，以及不支持台灣獨立的立場，希望兩岸歧見能夠以和平方式解決。同時，美國國安會的萊斯女士及資深官員亦強調，「美國不支持台海兩岸任何一方有任何單方面改變現狀的舉動」。換言之，美國在處理與中華民國的關係時，仍然是堅持「美國支持台灣的民主，不等於美國支持台灣獨立」的明確態度。今年九月上旬，前任美國在台協會理事主席卜睿哲博士，在參加「新世紀基金會」的研討會中，發表一篇題為「The United States and Taiwan」的專論，文中對於美國與中華民國關係的演變與發展動向，有深入的剖析，而其要點如下述：

第一、探討美國與中華民國關係的課題，至少應該包括價值理念、政治、經濟、安全等領域的內涵，而其中有四項特點必須強調：（一）現階段的台美關係在某些項目的密切程度，遠遠超過以往的互動；（二）台美關係在過去的幾十年有明顯的演變，例如五十年代到八十年代，雙方曾經有正式的邦交及軍事協防條約，然而，在過去的十五年間，台灣政治民主化的發展，讓雙方在價值理念上形成更加緊密的聯盟關係；（三）由於整個國際體系的變動頻繁，台美間的合作關係應該密切瞭解國際體系變化的脈動，以確保雙方的關係能夠保持合作發展，而不致於發生分歧與矛盾；（四）雖然台灣目前享有美國的支持，但雙方仍應注意強化多項能夠促使雙邊關係更加穩固的議題，讓台美的合作關係持續發展。

第二、美國與中華民國在國際安全的領域，有非常重要的合作關係，但其間關係的變化與轉折也相當的複雜。一九四九年間，當蔣中正轉進台灣時，美國基本上認為其無力保護台灣，同時美國並研判中共遲早會與蘇聯鬧翻，進而倒向美國陣營，所以沒有對中華民國施予援手。但是在一九五〇年初韓戰發生後，美國發現台灣可以發揮支援韓戰的前進基地功能，因此，把台灣列為戰略據點，並與中華民國簽署共同協防條約。然而，這項中美協防條約不僅發揮了保護台海安全的效果，卻同時也阻止了蔣中正有意運用軍事手段反攻大陸的企圖。目前，美國與台灣在台灣關係法的架構下，進行軍售及各項合作的關係。不過，美國瞭解到中共對處理台灣問題的長期目標，因此，也積極地與台海兩岸雙方溝通，以防範台海地區成為美軍與共軍交鋒的戰場。

第三、台灣與美國在經濟發展的領域上，同時具有密切的互動空間和利益的衝突。過去的十年間，美國與台灣合作，促進台灣的廠商運用台幣升值的契機，增加對大陸的投資，並成為美國廠商重要的代工製造廠。然而，台灣的全球競爭力已經面臨新的結構性瓶頸。同時，必須以加強智慧財產權的保護，並積極推動金融服務業的改革，讓台灣的產業結構脫胎換骨，否則，台灣的經濟成長動力在美商日益積極的進入中國大陸投資生產後，勢必會拋棄台灣廠商所能提供的代工服務，而此項經濟發展趨勢，也正是台灣與美國在經濟領域上，必須正視的挑戰。

第三、近十幾年來，台灣的政治民主化發展，對台美互動關係的本質，具有深刻的影響。換言之，台灣政局的發展與民主憲政體制的成長，讓台灣與美國在政治價值理念及實質性的合作，獲得更加堅實的基礎。不過，目前發現，台灣政黨的部份人士，有兩種作為將可能嚴重破壞台美關係的互信，其中包括：（一）操作美國國會與行政部門的利益矛盾；（二）台灣的領導人以民意後盾，做出違背美國國家利益的行為。隨著中國大陸在經濟領域的成長與發展，其與美國的「共同利益」議題，有逐漸超過「分歧利益」項目的趨勢。因此，台灣的角色在美國與中共互動的過程中，也明顯地趨向複雜與敏感。目前台灣與美國在實質關係上雖然日益強化，但是在表面的關係上，卻也日漸的淡化。不過，當中國大陸越有成為新強權的潛力時，中華民國與美國的關係也將會更密切。整體而言，只要中華民國本身的實力越強，台美雙邊關係也將會有更頻繁與重要的互動。

備忘錄 一三一

陳水扁操作「兩岸三邊牌」的動向

時間：二〇〇三年十二月十五日

十二月十四日，陳水扁在台南指出，明年三二〇舉辦公投，是要說出「反飛彈、要民主、反戰爭、要和平」的心聲；同時，他質疑美國為什麼不惜打仗也要到伊拉克推動民主，但台灣人民只是要實施民主，推動公投，卻遭到阻撓？此外，扁陣營並向胡錦濤提出三個「為什麼」：一、台灣是民主國家、中國是共產國家，為什麼海峽兩岸不是「一邊一國」？二、台灣人民愛好和平、為什麼中國不能放棄武力威脅、撤除飛彈部署？三、台灣一直對國際社會積極參與，無私奉獻，為什麼兩千三百萬人民不能夠參與世界衛生組織？陳強調，這三個嚴肅的問題，都是台灣人民長久以來最深的關切，並將在明年的三月二十日表達心中的答案。綜觀陳呂兩人在「布溫會談」後的發言，其操作「兩岸三邊牌」的動向，呈現出三項特點：第一、扁陣營認為美國政府最終還是要轉而支持「民主公投」。因此，其目前已經積極運用美國的「台灣連線」議員、自由派媒體，以及新保守主義陣營的智庫等，對布希政府抨擊並施壓，甚至將布希政府打成違反「美國民主價值」的「獨裁者」；第二、扁陣營以「三個嚴肅問題」，直接挑戰中共政權長期打壓台灣的作為，一方面激發台灣人民的「主權意識」，另一方面也企圖為創

備忘錄 一三二

陳水扁操作「公投台獨牌」的困境

時間：二〇〇三年十二月二十日

十二月十九日，泛藍陣營在立法院以一百一十八票對九十五票，成功否決了行政院的覆議案。公投法維持立法院三讀通過的原決議，公投審議委員會機制不變，而國會也保有公投發動權。隨後，行政院發言人指出，行政院雖然覆議失敗，但總統獨有的「防衛性公投」，仍將依規劃於明年三月二十日與總統大選合併舉行，而且不必送公投審議委員會審查。此外，扁陣營的核心策士邱義仁亦指出，陳水扁從去年提到「一邊一國」、「公投制憲」，到最近的「防衛性公投」等政治主張，確實讓美方開始質疑台灣是否要走向「漸進式台獨」。但是，邱強調，儘管美國方面一再釋出不希望台灣舉辦「防衛性公投」的訊息，不過陳水扁仍將打算在農曆年前，就向行政院提出舉辦「防衛性公投」，而行政院也準備在一月中旬擬出公投議題的具體文字。換言之，陳水扁企圖運用「公投制憲建國」的選戰主軸，把台灣推向戰爭邊緣的策略，並沒有改變。近兩週以來，美國的重要智庫包括「戰略與國際研究中心」、「太平洋論壇」、「布魯金斯研究所」等，以及主流媒體如華盛頓郵報、紐約時報、「國家評論」等，均曾針對陳水扁的「防衛性公投」議題，發表評論與意見，其要點如下：

第一、美國國務院官員將台灣公投及美國反應明確分類為三種：第一種是涉及主權爭議的統獨公投，美國絕對「反對」；其次，就與民生議題有關的公共政策公投，台北如果進行這類公投，美國沒有什麼意見；第三種公投，是具有高度政治象徵性，可能引起兩岸緊張卻達不到什麼目的的公投，而美國對這類公投除了表示關切，也不支持。在研討會的發言中，美國國務院官員明確地把陳水扁所將進行的「防衛性公投」，歸類為美國不支持的第三種具高度政治爭議性的公投，並表示「台灣有人會不贊成中共撤飛彈嗎？」

第二、目前，布希政府對陳水扁一再以「選舉策略語言」或「不會改變台海現狀」，來解釋所謂「防衛性公投」，已經表明無法接受。甚至有不少人士認為，陳水扁試圖要美國相信，公投只是要深化台灣的民主，無關統獨問題的說法，簡直是「侮辱美國當局的智慧」。布希政府已經決定，只要陳水扁政府繼續目前的做法，美國政府將會明白地對台北當局和民眾表示，陳水扁的言行「已嚴重損害美國與台北的雙邊關係」。至於美國方面可以著力的議題則包括，美國對台軍售和軍事合作，或者美國可以在台北迫切需要的項目上，做出合作或不合作的表態，例如，台北官員過境美國的次數與待遇、對台灣所希望簽訂自由貿易協定的態度，以及台北加入國際組織上的支持等。此外，美國在最後的關鍵時刻，可能會對陳水扁以「防衛性公投」破壞台海現狀的言行，直接向台北當局表明，如果台海的危機是由台北挑釁而形成，美國將不支持台北。

第三、自從布希總統在溫家寶面前，直接點名批評「台灣領導人」後，有不少長期表態支持陳水扁政府的美方智庫人士，亦開始對陳水扁的挑釁做法表示反感。這些「反華人士」認為，陳水扁出賣了美國尤其是支持台灣最力的布希總統。在此其中，長期支持「中國威脅論」的孟儒（Ross Munro），甚至指出「陳總統出賣了美國，他有意識的為增加自己的政治資產，魯莽胡為，並且不惜以犧牲美國重大的國家利益為代價」。此外，孟儒並強調，儘管台美之間在實質上的結盟要素仍然存在，但是布希總統已經不會再對陳水扁「存疑了」。因為，即使在面臨中共報復的危險狀況下，陳水扁還是要為選舉的政治目的，執意進行「防衛性公投」，完全不理會美國的要求和關切。換言之，陳水扁明顯地在濫用美國對台灣的友誼。

第四、近日以來，美國政府的資深官員一再地重申，美國反對任何片面改變現狀或走向公投台獨的言行。同時，國務院發言人也明白表示，美國反對台北明年三月二十日的公民投票。但是陳水扁政府一再向美國解釋，台北在明年舉辦防衛性公投，將不涉及兩岸定位，也不會改變台海現狀。目前，台美雙方在缺乏交集的僵持下，已經讓不少觀察人士擔心，台海地區的和平與穩定，將可能會在「失控」的狀況下，爆發嚴重的軍事危機，或者在台灣內部出現「內亂」的局面。基本上，美國與中共方面已經針對，可能破壞台海和平與穩定現狀的危機，進行預警部署。不過，當陳水扁運用美國內部的路線競爭，藉「民主價值」挑起美國與中共的矛盾對立，屆時，美國與中共如何有效化解來自於內部的壓力，以避免陳水扁的「公投台獨」策

備忘錄 一三三

現階段的美國亞太戰略利益剖析

時間：二〇〇三年十二月二十一日

十二月十九日，日本政府宣佈其將購買一套美製飛彈防禦系統，以防禦來自北韓的大浦洞飛彈威脅，並重新評估日本的國防戰力。據日本共同社的報導指出，日本計劃改裝四艘神盾級驅逐艦艦射飛彈，並從明年開始購買愛國者三型飛彈，而這套飛彈防禦系統將在二〇〇七年到二〇一一年間部署完成；同時，日本政府將在明年四月一日開始的下一會計年度，撥款九億三千五百萬美元推動這項計劃，而整個計劃將耗資約八十億美元。美國在亞太地區除了繼續充實「美日安保條約」的具體內容外，亦積極地與澳大利亞發展飛彈防禦體系中的「長程預警雷達系統」，和「偵測衛星體系」的合作，以強化美國在亞太地區的軍事戰略優勢。此外，美國總統布希運用中共總理溫家寶訪美之際，刻意突顯美國與中共在外交上的「夥伴關係」，並強調雙方可以透過共同合作發展的方式，來創造亞太地區的經濟繁榮和共同利益。同時，美國亦有意就朝鮮半島和台灣海峽地區，這兩個最有可能在未來十年內，造成美國與中共爆發軍事衝突的焦點議題，與中共達成共同建構「危機預警部署機制」的默契與協議，讓雙方能夠儘量避開衝突，並達到合作雙贏的目標。今年十一月中旬，位在美國西雅圖的智庫「國家亞洲研究局」（The National Bureau of Asian Research），在新出版的「Strategic Asia 2003-04」一書中，即由前美國中情局亞洲首席情報官沙特博士（Robert G. Sutter），撰寫一篇題為「U.S. Leadership: Prevailing Strengths Amid Challenges」的專論，文中對美國的亞太戰略利益，有深入的剖析，其要點如下述：

第一、近幾年以來，美國基於以下的理由，認為亞太地區對美國愈來愈重要，其中包括：（一）亞太地區的經貿活動和軍力發展，佔全世界的比重分量日益擴大，而世界上的財富也有向亞太地區集中的趨勢；（二）亞太地區是世界上核武及大量毀滅性武器，最有可能失控並導致擴散的地方；（三）美國有可能在未來十年間，被迫捲入朝鮮半島或台灣海峽的軍事衝突；（四）亞太國家為維持穩定的能源供應，將會愈來愈關心中東地區和南海航道的安全；（五）亞太地區有數量龐大的回教人口，而此項事實對美國執行反恐戰爭有密切的關聯性；（六）亞太國家中的中共、印度，以及巴基斯坦，對美國是否能夠有效地執行反恐戰爭影響甚鉅，因此，美國必須積極地爭取前述國家的支援與配合，並進一步發展建設性的合作關係。

第二、目前，布希政府與亞太地區的主要國家，都能夠發展出相當程度的建設性合作關係。但是，倘若美國政府無法運用各項政策，把嚴峻的挑戰有效地轉化成機會，則美國在亞太地區的領導地位和戰略利益，勢將會受到嚴重的損害。現階段，美國在亞太地區所可能面臨的挑戰包括：（一）美軍可能會陷入伊拉克內戰的泥淖中無法脫身；（二）美國的整體經濟趨向明顯衰退；（三）巴基斯坦和阿富汗的整個局面陷入混亂失控；（四）印度與巴基斯坦爆發軍事衝突；（五）中共與台灣爆發軍事衝突；（六）恐佈份子對美國本土進行嚴重的破壞性攻擊。換言之，亞太地區的和平穩定與經濟繁榮，將明顯地影響到美國整體的軍事安全和經貿利益。

第三、「九一一恐佈攻擊事件」爆發之後，美國的亞太安全戰略，從原先以「圍堵中國」為主軸的佈局，轉變成以「執行反恐戰爭，並防範美國本土遭到恐佈攻擊」為核心的戰略部署。因此，美國將軍事戰略的重心放在南亞和波斯灣地區，並陸續地增強美軍在亞太幾個主要地區的軍事應變計劃。由於中共和印度的領導人，在美國執行反恐戰爭的過程中，尤其是在對阿富汗、伊拉克的軍事行動，以及在聯合國所進行的外交戰場上，均展現出願意支持配合的態度，讓美國增強了與中共和印度建立合作夥伴關係的信心。此外，美國也持續地以開放國內市場為機制，促使亞太地區國家把美國視為貿易合作的夥伴，並進一步累積市場經濟的價值觀在亞太地區發展的能量。目前，美國與日本、中國大陸，以及印度等主要國家的雙邊貿易關係，有明顯快速成長的趨勢。

第四、整體而言，布希政府積極地強化與亞洲主要國家的建設性合作關係，同時也增加了其處理朝鮮半島核武危機的力量。目前，美國雖然沒有排除直接對北韓進行攻擊的可能性。但是，美國已經取得中共、日本和南韓合作的默契與共識，先用外交手段來化解北韓的核武威脅，然後再以緩衝的時間和空間，構思佈局有效解決北韓核武威脅的對策。換言之，美國有意透過中共扮演積極斡旋的角色，但是仍然繼續維持領導者的地位。因為，美國在佈局亞太戰略利益時，已經細緻地計算過，亞太主要國家間的相互猜疑仍深，不太可能形成共同抗美的力量。因此，美國在積極發展與亞太國家合作的過程中，不但可以獲得更多利益，同時也可以維持美國在亞太地區的領導者角色。

備忘錄 一三四

陳水扁操作「兩岸三邊牌」的動向

時間：二〇〇三年十二月二十二日

十二月二十一日，國民黨主席連戰在台中表示，中華民國是主權獨立的國家，中華人民共和國也是主權獨立國家，兩岸關係「簡單可以說是一邊一國」，但陳水扁搞的「兩邊三國」，沒有中華民國，只有虛擬的台灣共和國。隨後，陳水扁在台北縣指出，現在「中華民國是台灣，台灣是中華民國」，如果說中華民國還包括中國大陸和外蒙古，中華民國不等於台灣，那才是虛擬、虛幻的中華民國。

面對陳水扁所推動的「漸進式台獨」策略，中共國家主席胡錦濤於本月二十日晚上，與美國總統布希通電話並強調，中共絕不會容忍台獨，而布希則回應表示，美國反對單方面改變台海現狀的言行。然而，扁陣營的核心策士邱義仁指出，陳水扁從去年提到「一邊一國」、「公投制憲」，到最近「防衛性公投」等政策後，美方開始質疑台灣是否要走向「漸進式台獨」。然而，邱強調，儘管美國方面一再釋出不希望台灣舉辦「防衛性公投」的訊息，不過陳水扁仍將打算在農曆年前，就向行政院提出舉辦「防衛性公投」，而行政院也準備在一月中旬擬出公投議題的具體文字。換言之，陳水扁企圖運用「公投制憲建國」的選戰主軸，把台灣推向戰爭邊緣的策略，並沒有改變。在此其中，扁陣營計劃把「防衛性公投」與「二二八大遊行」結合，造成百萬人上街要求「民主公投反飛彈」的宣傳效果。扁陣營認為，屆時，這項以「民主和平」為訴求的集體行動，在國際媒體聚焦的狀況下，將透過電視畫面傳到美國人民的家庭，並直接爭取美國人民的同情與支持。隨後，扁陣營將再動員美國國會「台灣連線」的議員，甚至布希總統在共和黨內的政敵，以及民主黨內有意角逐二〇〇四年總統的人士，一起以「捍衛美國民主價值，支持台灣爭取民主，拒絕中共武力恐嚇」為訴求，向布希政府施加壓力，要求美國政府按「台灣關係法」，繼續保護台灣，並直接面對中共武力恐嚇的挑釁。

整體而言，國民黨候選人目前在各項選情調查中，均呈現領先的局面。但是，對於扁陣營繼續操作「兩岸三邊牌」，並準備把台灣的總統選舉戰場，拉到美國社會與家庭的電視機面前，爭取美國人民「由下而上」的同情與支持，並迫使布希政府讓步的策略，則是現階段國民黨必須積極破解的重點工作之一。

備忘錄 一三五

美國與中共對台海形勢的因應策略思維

時間：二〇〇四年一月十二日

一月十一日，陳水扁在「相信台灣—阿扁總統向人民報告」一書中指出，中共在亞洲大陸已經發展出一種新的門羅主義，想把美國的勢力逐出亞洲；同時，陳亦強調，兩岸未來應該排除一個中國和一邊一國爭議，建立「溝通互信機制」，揚棄透過美國傳話的方式；此外，陳更進一步表示，其願意在即有的基礎上，以善意營造合作的條件，共同處理未來「一個中國」的問題。綜觀陳水扁的戰略思維，其仍然沒有跳脫「中國威脅論」的邏輯，但卻也透露出有意往「新中間路線」移動的訊息。不過，陳並沒有公開收回「公投制憲建國」的台獨時間表，而且也無法清楚地說明「公投台獨」與「新中間路線」的矛盾本質。因此，美國和中共方面仍舊把陳的說法以選舉語言視之。

整體而言，美國政府對「台海形勢」的策略立場如下：（一）扁陣營認為美國會以軍事行動介入台海衝突，但美國的因應策略是，「當中共無端的攻擊台灣，美國才會介入」，如果台灣挑釁而引發問題，要由台灣自己負責解決；（二）美國將清楚地告訴北京，如果中共無端地以武力攻台，美國將會有軍事上的反應，但美國也會告訴台北當局，片面尋求台獨的行動，美國將會制止，因為，美國支持台灣的民主發展，並不等於支持台灣獨立；（三）美國將繼續堅持「一個中國」政策。至於中共方面的策略立場則是明確的表示，若台灣的「分離」傾向，已對其「主權統一與領土完整」的原則構成明顯威脅時，中共將採取非和平手段解決。此外，中共方面強調，陳水扁的「台獨時間表」已經昭然若揭，而陳蓄意挑動中共對台採取強硬，甚至軍事手段的策略，也仍然沒有任何調整。

目前，美國的主流意見認為，美國與中共間，就有關各項重大的國際性議題，以及雙邊的經貿互動關係，有越來越重要的合作空間，因此，雙方有必要在台海問題上，積極尋求「避免危機爆發的預警機制」，以降低台灣內部政局突變所造成的風險。至於中共的因應策略，除了加強與美國互動，以強化「危機預警機制」的功能外，其本身也積極地針對「台海形勢」的可能演變，進行具體的軍事準備。日前，共軍高層公開表示，台海形勢「打不打，看台灣；怎麼打，看大陸；打多久，看美國」，而此適足以反映中共軍方鷹派，因應台海最新形勢的基本態度。

備忘錄 一三六

陳水扁操作「兩岸三邊牌」的動向

時間：二〇〇四年一月二十日

一月十六日下午，陳水扁公布「三二〇和平公投」的兩個題目內容：（一）台灣人民堅持台海問題應該和平解決。如果中共不撤除瞄準台灣的飛彈，不放棄對台使用武力，您是否贊成政府增加購置反飛彈裝備，以強化台灣自我防衛能力？（二）您是否同意政府與中共展開協商，推動建立兩岸和平穩定的互動架構，以謀求兩岸的共識與人民的福祉？隨後，美國國務卿鮑爾在接受香港鳳凰衛視專訪時表示，美方已經獲得陳水扁公投題目的消息，而且美方認為其已在政策上表現出彈性，並會繼續認真研究這兩個題目；同時，鮑爾強調，美國與北京和台北都有良好的關係，而美方立場是，任何一方要是改變現狀，美國都不支持；此外，鮑爾指出，北京與台北兩方應該進行和解，而他認為陳水扁是個坦率的人，並希望陳能夠改變政策。

扁陣營在祭出「和平公投」題目，並受到美方高層直接的回應之後，隨即運用一月十八日「國政報告」的專訪時機，抛出二〇〇〇年五二〇就職演說，公開提出「兩岸共同處理未來一中問題」的秘辛，並強調中共當局曾經向他建議，在就職演說的內容中強調，雙方在對等互惠原則下，處理好未來一個中國的問題。換言之，扁陣營靈活地把「台獨公投」，調整為「和平公投」後，直接要求中共方面能夠在一月十九日「江八點」九週年座談會上，就有關兩岸關係定位及「和平公投」議題等，進行表態。扁陣營認為，倘若中共方面仍然是鐵板一塊，重提「一國兩制」的舊調，則扁陣營即可向國內民眾及美方強調，是中共方面沒有誠意並強人所難，絕非阿扁刻意挑釁；此外，扁陣營亦認為，倘若中共方面表示出改善兩岸關係的善意，並對「和平公投」題目，提出具有彈性的回應，則其更可把突破兩岸僵局，創造良性互動先例的功勞一舉攬下，成為「兩岸和平」的締造者。

目前，國內的主流民意對於「建立兩岸和平穩定的互動架構」，有相當高度的共識與期盼。因此，扁陣營的「和平公投」議題，若能持續獲得美方和中共方面的回應，勢必會對扁陣營垂危的選情，注入一劑強心針，而此也正是當前國民黨必須冷靜思考，並積極破解的重點工作之一。

備忘錄 一三七

陳水扁操作「兩岸三邊牌」的動向

時間：二〇〇四年一月三十一日

一月三十日，美國副國務卿阿米塔吉在北京表示，美國反對台海兩岸任何一方，進行改變現狀的立場沒有改變；美國認為台灣公投挑起一些問題，而美國必須研究台灣推動公投的動機；此外，阿米塔吉進一步強調，一般而言，公投用於造成意見非常分歧或非常困難的爭議或事件，但是就他看過的文字而言，台灣要進行的公投即不分歧也不困難。

據瞭解，美國方面已經啟動相關的蒐情機制，針對扁陣營操作「和平公投」的策略動向，公投法對兩岸關係發展的影響、「和平公投」的兩道題目內容對「台北—北京—華府」互動關係的衝擊，以及公投法和「和平公投議題」對台灣內部政局發展的政治意涵等，進行全面性的研究。副國務卿阿米塔吉的北京行，主要任務在於瞭解北京方面的政策底線；此外，美國在台協會處長包道格亦親赴南台灣，與南部縣市首長會面，直接探尋台灣南部的政治形勢與態度，與此同時，華府重要智庫大西洋理事會，亦將於華府時間二月二日上午，舉行一場「台灣公投對國內及國際衝擊」（The Taiwan Referenda:The Domestic and International Impacts）的閉門研討會，由喬治城大學教授唐耐心博士主持，並邀請前任中情局亞洲首席情報官沙特博士擔任引言人。會中亦將就前述的主要情蒐議題，進行深度的討論。隨後，中共國台辦主任陳雲林將在二月三日抵達華府，直接與美國方面進行「攤牌式」的協商，而扁陣營在華府的代理人則已經在華府強調，「和平公投」一定會辦。

整體而言，扁陣營操作「和平公投、牽手護台」的策略，確實已經把燙手的難題拋到北京的手上，而國民黨也只有跟著祭出「千萬人心連心」以為因應，但卻無法佔據總統選戰基調的主導地位。綜觀法國總統席哈克的一席批評公投之語，已經為扁陣營增加數個百分點的支持度，倘若北京與華府在本週，再度發出針對公投的強硬言論，其效果恐怕會替扁陣營再添上幾分，造成「牽手護台」的悲壯氣氛。國民黨候選人在面對「台灣人尊嚴」的情緒性訴求，勢必要有一套借力使力的策略，以將其轉化成為支持國民黨重新執政的力量。否則，扁陣營在「二二八」之後開始扭轉劣勢，並急起直追的可能性將無法排除。

備忘錄 一三八

美國與中共對台海形勢的因應策略思維

時間：二〇〇四年二月七日

二月六日，美國國會的「美中經濟暨安全檢討委員會」，在華府舉行「台海形勢」聽證會，邀請美國國防部主管亞太安全事務的副助理部長勞理斯、國務院主管東亞安全事務的副助卿薛瑞福，以及華府智庫界人士等共同出席，針對陳水扁的公投行動，和其所可能引發的兩岸政治緊張形勢，進行深入探討並提出美國的因應策略。在此之前，中共國台辦主任陳雲林曾於二月二日及三日，分別會晤美國國務院主管政治事務的次卿葛羅斯曼和國家安全顧問萊斯女士，就有關台海形勢的問題，進行戰略性的對話。

綜觀二月六日國會聽證會中，美國國防部和國務院代表的發言內容、二月三日美國與日本外交次官戰略對話的要旨，以及陳雲林在華府與美國高層人士互動的訊息等，整體而言，美國政府對「台海形勢」的因應策略立場如下：（一）陳水扁認為美國會以軍事行動介入台海衝突，但美國的處理原則是，「當中共無端的攻擊台灣，美國才會介入」，如果台灣挑釁而引發問題，則要由台灣自己負責解決；（二）美國已經清楚地告訴北京，如果中共無端地以武力攻台，美國將會有軍事上的反應，同時，美國也已經告訴台北當局，美國反對任何片面改變現狀的行動：（三）美國支持台灣的民主發展，不等於支持台灣獨立，而且美國將繼續堅持「一個中國」政策，同時也會遵照「台灣關係法」，繼續提供防衛性的武器，以保障台灣的安全。

至於中共方面的因應策略立場則是明確的表示，若台灣的「分離」傾向，已經對其「主權統一與領土完整」的原則構成明顯威脅時，中共將採取非和平手段解決；此外，中共方面再度強調，陳水扁的「台獨時間表」已經昭然若揭，同時，陳蓄意挑動中共對台採取強硬，甚至軍事手段的策略，也仍然沒有任何調整。因此，共軍高層公開表示，台海形勢「打不打，看台灣；怎麼打，看大陸；打多久，看美國」。

據瞭解，中共軍委主席江澤民目前仍在廣州軍區視察，並對駐在汕頭的攻台主力集團軍講話，要求官兵做好一切準備，「隨時準備粉碎台獨勢力的分裂陰謀以及外國勢力干預」。換言之，中共方面對於台灣內部台獨勢力的動作，顯然已經提高警覺，並加強軍事準備的力度。至於美國方面，其是否能夠有效地約束陳水扁的行為，仍然有待觀察，但是，從近日美方的動作觀之，倘若陳水扁一意孤行，則美方放手由兩岸自行處理「台海爭議」的可能性，已經明顯地增加。

備忘錄 一三九

如何觀察台海形勢的變化動向

時間：二〇〇四年二月十四日

二月十二日，美國中情局長譚納在參議院的聽證會上指出，陳水扁可能會在二〇〇四年總統大選前，提出突顯台灣獨立的政策主張，而此舉也將導致台海地區陷入劇烈的不穩定狀態。隨後，陳水扁在接見美國眾議員訪問團及參加台北市美國商會晚宴時，均公開強調，未來的十五個月，我國在兩岸關係上，將不會有「突兀的意外之舉」。很顯然地，陳水扁對於他形容為「台灣安全最大靠山」的美國官方看法，非常在意，以致被迫做出澄清。

對於志在二〇〇四年重返執政的國民黨而言，正確地掌握台海情勢演變動向，並提出相應的政策措施，以贏得民眾的信心與支持，實為邁向執政之路的先決條件。因此，準確觀察情勢變化的切入角度，也顯得格外重要，而其中包括：（一）深入瞭解台北、北京、華府、東京在亞太地區各自綜合實力（經濟力、軍事力、科技力、區域政治的影響力，以及國家意志力）的消長變化情形；（二）隨時掌握我國在美國的西太平洋地區戰略利益量表位置的變化；（三）密切觀察北京領導高層處理台灣問題的政策動向；（四）正確解讀台北領導高層處理兩岸互動關係的政策動向；（五）審慎評估台灣內部「日本因素」力量的消長變化；（六）深入觀察台

備忘錄一四〇

陳水扁操作「兩岸三邊牌」的動向

時間：二〇〇四年二月二十五日

二月十四日，國民黨主席連戰與民進黨主席陳水扁，進行總統大選國政辯論會。綜觀整體的表現以及陸續發佈的表現評價調查報告，國民黨主席連戰都以相當幅度的差距，遜於陳水扁的評價。倘若二月二十一日的第二場國政辯論會，連戰無法在會中展現優於陳水扁的整體表現，其後果將牽動總統大選最後二十天的發展，甚至出現局勢逆轉的結果。

目前扁陣營強調，三二〇的「和平公投」是要說出「反飛彈、要民主；反戰爭、要和平」的心聲；同時，其亦向中共及國際社會提出三個「為什麼」：（一）台灣是民主國家、中國是共產國家，為什麼兩岸不是「一邊一國」？（二）台灣人民愛好和平，為什麼中國不能放棄武力威脅、撤除飛彈部署？（三）台灣一直對國際社會積極參與，無私奉獻，為什麼兩千三百萬人民不能夠參與世界衛生組織？綜觀陳水扁在國政辯論會中，針對國家主權及兩岸關係的論點，其操作「兩岸三邊牌」的動向，將呈現出三項特點：第一，陳認為美國政府與國會最終還是要轉而支持「和平公投」，因為儘管國務卿鮑爾公開指出台灣的公投沒必要，但是卻也強調台灣是民主社會，所以有權選擇辦理公投；第二，陳運用前述的「三個為什麼」，直接挑戰國民黨所提出的「擱置主權」立場和中共政權長期打壓台灣的作為，一方面凸顯國民黨在「國家主權」立場上的軟弱，另一方面激發台灣人民的「主權意識」，同時也為美國輿論界支持「百萬人手護台灣」運動，累積情緒性的能量；第三，陳認為綠軍的基本盤已經鞏固完成，而選戰的下一步則是爭取「中間選民」的支持，以及運用「司法手段」和「行政資源」等，雙管齊下，脅迫利誘，進而能夠在最後階段的「割喉戰」中勝出。

總統大選國政辯論後，連、陳個人能力的優劣已浮現，中共方面評估美國政府可能會對「和平公投」，表現出無可奈何的態度，並讓陳佔據「不懼強權逆境」，為台灣人民爭取「主權」與「尊嚴」的戰略制高點。根據最新的選情調查顯示，「連宋配」與「陳呂配」的支持度，已經進入緊繃的狀態。除非連戰能夠在本月二十一日的第二次總統大選國政辯論會上，展現出優越的能力打敗陳水扁，否則整體的總統大選形勢，將可能會在「二二八」之後，出現結構性的逆轉。

備忘錄一四一

陳水扁操作「兩岸三邊牌」的動向

時間：二〇〇四年三月一日

二月二十八日，陳水扁與李登輝聯手推動的「百萬人手護台灣運動」，平安順利落幕。隨後，國民黨在台北中正紀念堂舉辦的「心連心」晚會，亦以深刻感性的和解訴求，讓百萬選民同時落淚。綜觀藍綠兩軍在激情演出後，各方選情調查結果顯示，「連宋配」與「陳呂配」的支持度，已經再度進入緊繃的狀態；另據瞭解，總統大選的賭盤已經開出，較二月中旬時，「連宋配」領先「陳呂配」七十萬票的盤勢，其變化程度已經不容輕忽。

目前扁陣營強調，三二〇的「和平公投」是要說出「反飛彈、要民主；反戰爭、要和平」的心聲；同時，其刻意宣揚台灣房市及股市在最近幾週的復甦情形，用以沖淡藍軍攻擊其經濟施政績效不佳的火力；隨後，陳水扁於二月二十九日在台北的造勢晚會上，再度的提出「公投制憲建國」的時間表，並把二〇〇八年建立新國家的主張，改用二〇〇八年「拚幸福」做為減緩美國壓力與中共疑慮的煙幕；此外，陳亦指出，其將會在連任後推動台灣於二〇〇六年正式加入世界衛生組織。

綜觀陳水扁針對「國家主權」的論述和操作「兩岸三邊牌」的動向，其已經呈現出三項特點：第一，陳認為美國政府與國會將不敢公開反對「和平公投」，尤其在「百萬人手護台灣運動」後，美國輿論及主流民意將會對綠軍的處境寄與同情，並對布希政府和國會形成「由下而上」的壓力；第二，陳繼續猛攻藍軍在「國家主權」立場上的軟弱，並刻意強調其連任成功，是為完成「公投制憲建國」的階段性任務；第三，陳認為綠軍的基本盤在「二二八」之後，已經益形鞏固，而選戰的下一步將以爭取「中間選民」為著力點，並運用「司法手段」和「行政資源」等，雙管齊下，脅迫利誘，進而能夠在最後階段的「割喉戰」中勝出。

據瞭解，中共方面評估美國對「和平公投」將無可奈何，並讓陳佔據「不懼強權逆境」的制高點。因此，中共相關人士對「百萬人手牽手運動」低調以對，甚至由汪道涵的核心智囊章念馳釋出對台政策的新思維，並強調對台應採取和平方針，盡量讓利於同胞。換言之，扁陣營操作的「兩岸三邊牌」在動員百萬人牽手護台成功後，反而開創出中共方面理性思考兩岸關係的空間，而此項變化是否會對「中間選民」造成新的吸引力，並影響其投票行為，則是國民黨在選戰最後二十天內，必須嚴密觀察的重點之一。

備忘錄 一四二

布希政府時期的華美軍事合作關係

時間：二○○四年三月九日

三月四日，美國國務院東亞事務副助卿薛瑞福在華府表示，不論台灣總統大選結果如何，美國都支持台海兩岸恢復對話。隨後，美國國防部資深官員亦強調，不論誰當選下屆中華民國總統，美國與台灣之間的軍事合作關係依然強勁，同時，美國也相信，台灣強化國防的腳步會持續前進，但任何人都不應誤以為美國強化支持台灣的安全是為台灣獨立背書；此外，其亦指出，台灣自身應該負起更多的國防責任，不應假設美國會出面干預，但美國堅決反對中共使用武力對付台灣，因為美國的立場是：致力在台海維持穩定、安全的環境，以有助於兩岸人民和平解決歧見。三月六日，中共財政部長金人慶在「全國人大會議」報告中表示，今年的「國防支出」比去年增長百分之十一點六，達到二千一百億元人民幣，並以「提高共軍高技術條件下的防衛作戰能力」等為主要投資項目。面對共軍積極推動軍事現代化的新局面，美國方面的軍事專家普遍認為，台灣海峽的軍力動態平衡，將會在二○○五年以後，開始向中共方面傾斜；同時，中共方面為因應台灣「公投制憲建國時間表」，也在加緊腳步，著手進行各項武力犯台的軍事準備。去年十一月十四日，美國共和黨重要智庫「傳統基金會」（Heritage

Foundation），即發表一篇由前任國防部副助理部長布魯克斯（Peter Brookes）所撰的專文，針對共軍現代化後對台海軍力動態平衡的衝擊，以及布希政府與我國的軍事合作關係發展，進行深入的剖析，其要點如下：

第一、布希政府處理台北—北京—華府的「兩岸三邊」互動關係，其主要的決策思維基礎包括：（一）堅守美國的一個中國政策立場，在「三公報一法」的架構下，一方面與北京政府維持正式外交關係，同時也繼續與台北當局保持非官方的實質性關係；（二）遵循台灣關係法的規範，繼續提供台灣防衛性的武器，以保持兩岸軍力的動態平衡；（三）信守一九八二年由雷根總統核定的「對台六項保證」，做為美國與兩岸互動的基礎，並強調和平解決台灣問題的政策目標；（四）明確表示反對兩岸任何一方做出片面改變現狀的言行，既不支持台灣獨立，也堅決反對中共用武力併吞台灣，同時，美國認為維持與台灣正常的溝通對話管道，可以減少政治性的意外狀況，並可強化台灣在國際上的能見度，以降低台灣方面對「維持現狀」的不滿程度；（五）美國的政策仍然積極支持中國大陸的政治自由化與民主化，因為美國相信，大陸社會越開放、越自由，將會拉近兩岸生活方式與政治制度的差距，同時也將為未來兩岸和平解決爭端，增添成功的機會。

第二、雖然布希政府瞭解到其決心加強台灣的防衛能力，已經構成美國與中共之間重大的利益分歧。但是，布希政府認為，台灣在面對中共軍力快速增長的形勢下，必須強化戰力以維持台海的軍力動態平衡。此外，布希政府發現台灣在國防現代化的過程中，正面臨四項嚴峻的挑戰與考驗包括：（一）中共正積極地推動規模龐大的軍事現代化工程，使其在未來執行解決台灣問題的行動上，獲得明顯的政治性和軍事性優勢地位。目前中共軍方正加強準備運用「速戰速決」的戰略，企圖以最小的代價解決台灣問題；（二）台灣軍方內部的既得利益與保守勢力，已經構成推動「軍務革新」的具體障礙與阻力，並造成整體軍力提升計劃的執行成效不彰；（三）台灣政府內部的官僚體系溝通不良，並導致資源的嚴重浪費；（四）台灣的國防安全機制，文官與軍官之間的合作互動關係，仍然有待加強。畢竟，在文人領軍的民主憲政國家中，國防安全機制要能夠真正發揮功效，就必須要有真正瞭解軍事事務的文人來領軍。不過，台灣目前在這個領域中，仍然面臨嚴重的人才荒。

第三、布希政府認為台灣在軍力與戰略現代化的目標上，至少有六項任務必須完成，其中包括：（一）建構存活能力強的作戰指揮管制體系，以有效因應敵國入侵時，發揮足夠的戰略性和戰術性的預警功能；（二）規劃建構三軍聯合作戰的完整體系，使陸海空的戰力能夠在結合之後，發揮加乘的效果；（三）加強對重要政治、經濟、軍事機構的防護能力，以抵消共軍奇襲戰和「斬首行動」的威懾效果；（四）確保台灣的整體環境能夠防禦中共的飛彈攻擊，並在第一波飛彈攻擊後，能夠很快地恢復抗敵的意志和能力，以進一步化解飛彈攻擊的心理威懾效果；（五）適度的增加有限度的攻擊能力，讓台灣的軍隊能夠發揮戰力，阻絕共軍新一波的

備忘錄 一四三

中華民國總統大選的形勢分析

時間：二〇〇四年三月十日

三月六日，陳水扁在出席總統候選人電視政見發表會時間表示，未來四年其將堅持國家的主權，並計劃在二年內加入世界衛生組織、推動兩岸和平穩定互動架構，以及完成公投制憲的目標。與此同時，國民黨主席連戰則在政見發表會中指出，兩岸關係應該在維護台灣優先原則下進行，並強調兩岸維持現狀，就是堅持台灣絕對不會被中華人民共和國併吞、合併或統一，反而是陳水扁從不提自己在選中華民國的總統，對國家認同閃爍善變。根據最近一週以來，各界所做出來的民意調查數據顯示，「二二八手護台灣」的效應已經逐漸發酵，但「陳由豪獻金案」也開始發燒；國民黨推出的募兵制能夠吸引「中間選民」的正面回應，但扁陣營的客家政策訴求，也為其爭取到支持票源。不過，從整體的選戰大局觀之，扁陣營企圖運用「人民主權」和「國家主權」的選戰主軸，操作「兩岸三邊」的微妙互動，並藉此達到「分化國親聯盟、激怒中共，並緊抱美國大腿」的策略目標，顯然沒有能夠如願，因為台灣的主流民意，對於扁政府「治國無方」的印象，已經相當深刻；至於中共方面，其已經認清陳水扁被「台獨基本教義派」挾持的事實，因此，也以低調克制的原則，避免做出為其助選的言行；此外，美國方面對於陳水扁一再地要求美方為其政策與行為背書的動作，也露骨地表現出不耐與反感，甚至一再地透過管道向扁政府強調，美國雖不能要求台灣停止舉行公投，但對於任何破壞西太平洋地區和平與穩定的言行，美國都會表示嚴重的關切。今年二月二十三日，美國的亞洲協會、華府的布魯金斯研究所，以及戰略與國際研究中心，聯合主辦一場「二〇〇四年台灣總統大選情勢分析」研討會（Taiwan Elections 2004），並邀請華府的中國問題專家與會座談，現謹將精闢要點分述如下：

第一、中華民國第十一任總統的選舉，目前已經進入最後的衝刺階段。兩位總統候選人在各項民意調查的數據中，都呈現出五五波的緊繃狀態，而且領先或落後的幅度都停留在統計誤差範圍內。換言之，分別代表藍綠陣營的連戰和陳水扁，都有可能在最後投票結果揭曉時勝出。在競選的過程中，吾人發現美國因素確實具有影響選情的重大效果。去年十月下旬，陳水扁在紐約過境受到高規格的接待，並公開提出「公投新憲」的主張，而美國方面不僅沒有制止，反而有ＡＩＴ的高層人士發言為其背書，結果讓陳水扁的民調聲望扶搖直上，甚至讓藍軍人士解讀成布希政府有意支持陳水扁連任。不過，美國總統在十二月間接待中共總理溫家寶時，公開發言批評台灣領導人的挑釁言行，隨即造成陳水扁的民調聲望下滑，並陷入苦戰。

第二、這次台灣總統大選的另一項重大的特點，即是「和平公投」的議題持續地發燒。陳水扁陣營有意把公投與總統選舉綁在一起，以提振綠軍的整體氣勢，同時也企圖運用「建構兩岸和平穩定互動架構」的議題，來抵擋藍軍批評綠軍破壞兩岸關係的凌厲攻勢。不過，由於北京方面認為陳水扁所提出的「和平公投」，只是其推行「台獨時間表」的第一步，因此明確表示堅決反對的態度。換言之，綠軍有意藉公投營造內部的選戰士氣，並爭取國際社會輿論的同情與支持，但是對於至關重要的兩岸和平與穩定，卻投下了一個巨大的變數。目前，北京的涉台部門最關心的問題是，到底最後是藍軍勝或是綠軍贏。據瞭解，北京方面在今年一月初時，有較多數的評估策士認為藍軍的贏面較大，但是，有趣的是，多數的分析人士都在研究推斷，倘若綠軍獲勝時，將可能會發生那些狀況，同時其也開始研究二〇〇四年十二月的立法委員選舉結果，將給台灣的政治情勢造成的影響，以及對兩岸互動關係帶來的衝擊。

第三、綜觀這一次的總統大選，吾人發現在台灣的政治光譜中，出現一股非常強大的政治力量，即是屬於「台灣認同」的意識，隨著民主化的演變，已經成為台灣民意的主流。雖然有部份人士把「台灣認同」與「台獨」劃上等號，但是，事實上，「台灣認同」內涵所包括的成份，遠遠超過狹窄的族群意識，並成為藍綠兩軍爭相角逐支持的主要戰場。對於研究台灣政治及兩岸關係的人士而言，「台灣認同」力量的成長、壯大，並形成主流，絕對是一個必須正視的新現實。不過，當「台灣認同」形成主流政治力量的同時，台海兩岸的經貿互動關係也更形密切。許多台灣的上市公司在大陸設廠生產製造產品，隨即銷售到國際市場，並賺取大量的利潤；另外，在台灣也有不少的公司已經開始認真的考慮，是否要繼續留在台灣或遷移到大陸的

備忘錄一四四

總統選舉分裂台灣

時間：二〇〇四年三月二十八日

三月二十日，中華民國第十一任的總統選舉結果出爐，代表民進黨的陳水扁以六百四十七萬一千九百七十票，領先代表「國親聯盟」連戰的六百四十四萬二千四百五十二票。由於雙方得票數的差距只有二萬九千五百一十八票，而且還出現高達三十三萬七千二百九十七張的廢票，同時，「國親聯盟」強烈質疑，在三月十九日下午一時四十五分所發生的「槍擊事件」，和隨後啟動「國安機制」，造成十幾萬名的軍警人員，無法行使選舉總統的公民權等，已經嚴重影響選情和結果。因此，「國親聯盟」決定提出「選舉無效」之訴，並要求進行全面性的司法行政驗票，以還原真相，給台灣的二千三百萬人一個公道。三月二十六日晚間七時四十五分，中央選舉委員會在層層鎮暴警察戒護下，公告陳水扁當選第十一任總統。隨後，在二十七日凌晨，美國由白宮新聞秘書宣讀一份沒有人署名的聲明，祝賀陳水扁總統連任成功，並且也提到「承認」三二〇選舉結果，仍有懸而未決的法律訴訟。此外，中共外交部發言人孔泉，則在美國白宮發出祝賀聲明後表示，大陸方面堅決反對美方此一違反「中」美三個聯合公報原則、干涉內政的錯誤做法。自從三二〇選舉結束後，國際主要媒體和華府的重要智庫，紛紛針對我國總統大選結果的影響，尤其是對台灣內部政局的走向、兩岸關係的發展，以及美中台之間的互動關係等，提出各個角度與不同面向的深入剖析，其中包括「遠東經濟評論」、「商業週刊」、「紐約時報」、「華盛頓郵報」、「國際前鋒論壇報」、「華爾街日報」，以及在美國華府喬治城大學所舉辦的研討會等。現謹將要點分述如下：

第一、陳水扁在這次的總統選舉中，只以百分之零點二的微差距勝出，而這也使得陳水扁無法掌握推動變革的授權；此外，台灣將在十二月間舉行立法委員選舉，不論「國親聯盟」是否能夠繼續地維持多數席位，但台灣的選民已經明顯地分裂成兩半，而且有不在少數的選民認為，陳水扁的勝利是偷來的，這也將使得以國民黨為首的在野聯盟，仍然可以在國會中保持相當強勁的制衡力量；至於有關陳水扁企圖制定新憲法的行動，除非其運用「公民投票」的途徑，否則其必須要有國會三分之二的同意票，但以目前的政黨生態及勢力消長情形觀之，其實現的可能性顯然不高。

第二、台灣經過這一次的總統大選之後，已經出現政治光譜嚴重兩極化的格局。這種明顯分裂兩極化所帶來的不確定性和高度的不穩定，將迫使美國加強與中共方面合作，以達成某種足以避免台海地區爆發軍事危機的預警機制和默契。與此同時，台灣也將會在中美台三邊互動關係的架構中，逐漸地被邊緣化。換言之，台灣可能會成為另外一個南韓，因為在北韓核武問題上，美國認為南韓不是一個可以信賴的夥伴，反而信賴中共解決北韓核武問題的能力；同樣的，美國可能會在今後的台海問題上，不願意信賴台灣，反而傾向於信賴中共。

第三、台灣總統大選的爭議一時很難解決，若抗爭持續下去，台灣經濟可能會受到重創，並嚴重地衝擊金融市場，而這場政治危機所造成的影響，絕對不僅止於台灣本身。一旦陳水扁確定連任，其在往後四年最大的難題，就是如何處理台獨議題。很顯然的，台獨基本教義派不會讓陳水扁在「國家定位」的議題上維持模糊，而今年十二月的國會選舉，假若民進黨贏得多數，陳水扁將會面臨台獨強硬派更大的壓力。此外，在北京的中共領導人對陳水扁毫無任何信任可言的狀況下，陳水扁要想改善兩岸關係，就必須重新建立與北京當局的溝通管道與互信基礎。但是，北京目前高度的懷疑，陳水扁將可能會加速地推動「公投制憲建國」的台獨建國計劃，因此也對近日以來台灣的選後亂象，仔細觀察，並伺機而動，甚至公開揚言，為了阻止台獨，保住台灣，其將不惜犧牲二〇〇八年的奧運會，也會用武力粉碎台獨。

第四、在二〇〇四年的總統大選過程中，台灣的民主體制已經遭逢到嚴峻的試煉，而其是否能夠順利地通過考驗，並繼續地發展下去，不僅關係到台灣自己本身的生存與發展，其也將對其他嚮往民主的國家，造成重大的影響。目前，台灣社會所出現的政治兩極化難題，已經讓多數的西方觀察人士感到憂心。因為，一旦這種政治兩極化的分裂狀態，轉化成各種議題的鬥爭，其間的紛擾將會造成永無休止的惡性循環，並導致社會經濟能量的內耗，進而影響到整體綜合國力的成長。因此，多數的西方媒體和智庫界人士都認為，台灣的政治人物有義務尋求社

備忘錄一四五

中共的「天軍」發展動向

時間：二〇〇四年三月二十九日

三月二十六日，歐盟在一項討論會議中，未通過解除對中共的武器禁運案。但是，積極推動促成解除禁運的法國則揚言，其將在四月間的盧森堡會議中，繼續努力說服一些歐盟國家。目前，德國、意大利等國已經表態支持法國，而英國則仍與美國保持一致立場，表示反對解禁。然而，潛藏在此武器禁運案背後的戰略利益競爭，才是讓此案形成僵局的真正原因。據美國的軍事專家指出，「神舟五號」計劃的成功，不僅代表中共太空科技已經邁入新的境界，同時也向世人展現出，其在軍事科技，尤其是彈導飛彈的技術，以及人造衛星的技術上，都有明顯的突破，而這種科技發展的程度，已經引發美軍方面的顧慮，並開始思考其對美國的衛星導引武器，以及通訊衛星等，所可能帶來的威脅。西方的觀察人士認為，由於中共軍方對於其本身的軍事科技能力，與美國間的懸殊差距，完全了然於胸，因此，中共極可能會在太空軍事科技的領域上，積極從事於發展破壞美國衛星的武器，藉以維持雙方的戰略性均勢。換言之，中共企圖加速從法國及德國引進太空科技，以發展「天軍」的戰略性武力計劃，已經成為其提升國防實力的重點，而促使歐盟解除對中共的武器禁運，則是達成此目標的重要環節。今年的三月十八日和去年的十月十五日，美國華府智庫「傳統基金會」的研究員譚慎格（John J. Thacik, Jr.）及武爾茲（Larry M. Wortzel），分別針對歐盟對中共的武器禁運案，以及中共的太空戰能力發展等議題，提出深度的剖析，其要點如下：

第一、美國及歐盟共同實施對中共的高科技武器禁運，是源自於一九八九年天安門事件後，西方國家對中共違反人權行為的制裁。綜觀美國國務院自二〇〇〇年至二〇〇三年，所發表的中國大陸人權狀況報告顯示，中國大陸的人權狀況不僅沒有改善，反而有趨向惡化的情形；此外，中共方面仍然沒有放棄使用武力處理台灣問題的準備，而美國也有可能面臨中共購自歐盟國家先進武器的攻擊；同時，更值得重視的是，倘若歐盟國家對禁運武器給中共的立場有所鬆動，其勢必會造成美國單獨的禁運措施，完全失去其原有的意義與價值。目前，中共方面積極地企圖打破武器禁運的限制，自法國、德國、意大利，以及英國等，引進反衛星武器、巡弋飛彈技術、先進戰機和潛艦等裝備。對於歐盟國家而言，這是一項龐大的軍售商機，但是，對於美國在亞太地區的戰略佈局而言，則是一項嚴峻的考驗與壓力。

第二、中共的「天軍」是由戰略導彈部隊負責主導，並以代號「九二一工程」為執行的單位。據瞭解，共軍方面計劃在二〇〇一年至二〇〇六年間，陸續發射三十枚人造衛星，並包括載人太空船的發射；此外，中共的太空技術發展部門，積極地與德國、俄羅斯、法國、意大利、英國、巴西等國家，共同研發不同功能的太空技術，包括比美國的全球衛星定位系統（G

PS），更為精確的自主性衛星導航系統。這項中共與德法等歐盟國家共同合作發展的衛星導航系統，不僅可以增強中共所屬彈導飛彈的攻擊能力及準確度，甚至還可以擺脫美國衛星導航體系的控制，同時，這項以歐盟和中共為主的衛星導航系統，將可能導致美國製的飛彈及需要美國衛星導航的武器，失去在軍火市場的競爭力。

第三、中共的太空科技研究院，目前已經成功地開發出「陸基型」和「太空基地型」的雷射武器，以用來打瞎敵國的人造衛星。由於中共軍方已經能夠成功地把太空人送到太空並返回地球，一旦中共的「天軍」能夠把人送上太空軌道上的太空站，或者藉太空船在軌道上運行的時刻，親自操作已經部署在太空船或太空站上的「雷射武器」，並對敵國的通訊衛星、雷達衛星、偵蒐衛星、或者導航衛星等，進行直接的攻擊，而其所造成的殺傷力及攻擊效果，將遠遠超過地面上的「雷射武器」。換言之，中共的載人太空船發射成功，以及各項「反衛星武器」的相繼出現，已經代表中共的太空衛星作戰能力，將會登上一個新的台階。這種「天軍」的發展趨勢，也將會進一步刺激美國，積極從事於兩手的防範措施，一方面提升太空作戰能力的準備工作，另一方面則是強力要求歐盟國家，包括法國、德國、英國、意大利等國家，禁止對中共輸出先進的太空科技相關武器和技術，以延緩中共方面在太空軍事能力的發展。不過，從整體的形勢觀之，中共軍方已經把發展太空作戰能力的「天軍」，視為有效抵銷美國在軍事科技上大幅領先優勢的「奇兵」，因此，其勢必會以更積極的作為，繼續推動「天軍」的發展。至

備忘錄 一四六

美國對台海兩岸政策的動向

時間：二○○四年四月十一日

四月九日，美國國務院在「台灣關係法」立法二十五週年前夕，發表公開聲明表示，台灣關係法對於保障台灣海峽的和平與穩定，做出重大的貢獻，也提供了強有力的架構協助保障台灣的安全。美國政府發佈這份史無前例的聲明，其主要考量在於，台灣總統大選之後，台灣政局動盪，美國副總統錢尼即將訪問北京，而中共方面亦把「台灣問題」，列為雙方會談的首要議題。因此，美方有意把其對華政策的主軸，定位在「三公報一法」的框架之中，以避免台北、北京和華府內部的鷹派人士，企圖藉此台海局勢可能出現重大變局之際，做出任何單方面改變現狀的行為。四月十日，美國副總統錢尼抵達日本，展開東亞三國的訪問行程。據瞭解，錢尼大陸行所討論的議題十分廣泛，包括與中共領導人討論大陸的軍事現代化趨勢、美「中」貿易赤字、陳水扁連任後的兩岸形勢，以及香港政治改革等問題。然而，美國的對華政策是否會有結構性的變化，亦是各方觀察人士關切的焦點。今年的四月一日，美國喬治城大學外交學院教授沙特（Robert Sutter），在「太平洋論壇」的網站上，即發表一篇題為「Bush's Korea Policy Gravitates Toward China, Will Taiwan Policy Follow?」的專論，點出美國對華政策可能轉變的動向。另外，美國參議員Sam Brownback，亦於四月五日在「傳統基金會」的「台灣關係法二十五週年紀念研討會」上，發表專題演說探討台灣政治民主化的趨勢，以及其將可能對台海形勢的衝擊。現謹將兩篇專論的要點分述如下：

第一、台灣內部的政局已經出現明顯的動盪。對於美國而言，這種政局發展的不可預測性和政策信用度的快速滑落，勢將迫使美國降低對台灣政府的期望，同時，也將促使美國方面，考慮增加對北京的倚重，以共同維持台海地區的和平與穩定。目前，布希政府在處理國際安全問題的領域上，已經被伊拉克、阿富汗、南亞，以及全面性的反恐戰爭所約束。對於朝鮮半島和台灣海峽的問題，布希政府傾向於「減少麻煩」的處理態度。換言之，布希政府認為南韓政府和台灣政府，目前者屬於基礎不穩的弱勢政府，因此，其有必要加強與北京政府，進行更具體的建設性合作互動，以維持美國在此地區的利益。與此同時，南韓與台灣也會在這種新的政策思維中，明顯的被邊緣化。

第二、台灣的政局在這一次總統大選之後，勢將會隨著「公投制憲建國」的腳步，而趨向更複雜的不確定性。泛綠陣營的獲勝等於是把「台獨」的訴求，直接放在施政的時間表之中。今年年底的國會改選，將是藍綠兩軍再度交鋒的時刻。但是可以預見的狀況，將是台灣社會與政治的嚴重撕裂，而這種日益惡化的台灣政局，必定會導致台海形勢的動盪，並迫使美國必須付出更高的代價，才可能繼續維持台海地區的和平與穩定。

第三、美國以「台灣關係法」保障台海地區的和平與穩定，其真正的用意是維護台灣的民主社會，並避免台灣變成第二個香港，落入「一國兩制」的圈套之中。目前，台灣的民主政治發展，已經出現了結構性的轉變。台灣人民要求擁有政治自主性的聲音，已經成為具體而強勁的力量。這股政治力量對於台海的形勢發展，也將會帶來明顯的衝擊，並迫使中共方面調整國家發展戰略的優先次序，把處理台灣問題列在議事的日程表上。換言之，美國的對華政策在「三公報一法」的架構下，雖然有效的維持了台海地區將近三十年的穩定。但是，台灣內部政局的改變，也開始挑戰這個架構的基礎。在「台灣關係法」的規範下，美國有義務繼續提供台灣防衛性的武器，以保持台灣方面應有的國防力量。但是，現階段的兩岸關係與台灣內部局勢的演變，卻讓這項軍售的義務趨向高度的複雜性與政治的敏感性。一方面，中共認為美國出售先進的武器裝備給台灣，等於是向台灣當局釋放出「鼓勵台獨」的訊息；另一方面，台灣內部的部份人士認為，美國有義務保衛台灣的民主社會，因此也就沒有必要花費大筆的國防經費，向美國採購各項先進的軍事裝備和武器。然而，對於目前掌握政權的民進黨政府而言，其一方面希望美國根據台灣關係法，出售先進的防衛性武器給台灣，但是又受限於政府財政能力的困窘，而無法有效率地進行軍購的計劃。同時，美國方面亦擔心，若讓民進黨政府快速地獲得先進的武器裝備，是否會讓北京與台北同時解讀認為，美國真的有意支持兩岸分裂的政策，並進而刺激台北與北京同時做出改變現狀的行為？

備忘錄一四七

美國與中共經貿互動的趨勢

時間：二〇〇四年四月十二日

四月五日，世界貿易組織（WTO）公佈全球貿易統計資料顯示，二〇〇三年中國大陸商品的出口貿易總額達到四千三百八十四億美元，超過法國及英國，居世界第四位；同年的進口貿易總額達到四千一百二十八億美元，僅次於美國和德國，排名第三。整體而言，中國大陸在二〇〇三年的貿易總額高達八仟五佰一十二億美元，和第三名的日本相當接近。但依照大陸貿易量的成長速度，今年其進出口貿易總額將會超過日本，正式成為全世界第三大貿易實體。此外，目前中國大陸也成為吸收外國直接投資最多的地區，其去年所吸引的投資金額已經超過五百億美元的水準，與美國所吸收的金額不相上下。四月十一日，美國副總統錢尼訪問中國大陸，即將針對美「中」之間的貿易問題，包括美國就業機會大量流失、貿易赤字不斷擴大、中共未充份履行加入世貿組織承諾、人民幣匯率調整、智慧財產權保護、進口農產品保護、半導體產品稅制不公政策等議題，進行協商。此外，中共副總理吳儀也將計劃在四月下旬訪問美國，並與美國的商務部長伊凡斯、貿易代表佐立克，以及農業部長維妮曼等人士，就有關雙方間的智慧財產權、半導體稅制爭議，以及開放農產品市場等問題，進行深度的對話，甚至進行重要協議的簽署。據瞭解，副總統錢尼的大陸行將為美國的核子發電廠設備促銷，而其金額也高達六十億美元。換言之，美國與中國大陸之間經貿互動的深度與廣度，已經出現結構性的變化。美國為了保障本國的經貿利益，勢必要與北京進行「既合作又競爭」的兩手策略，才能夠在複雜的形勢中，繼續保持優勢與贏面。今年的二月十三日，華府重要智庫「戰略與國際研究中心」，即發表一份邀集四位前任的美國貿易代表，共同探討美國與中共經貿互動的重要議題與各項挑戰的報告「Former USTRs Analyze U.S.-China Commerce, Subsidies, Outsourcing」，現謹將重要內容以要點分述如下：

第一、中國大陸的經濟發展與進出口貿易的成長，在近幾年以來，已經出現巨大的變化。目前中國大陸不僅是實力強大的出口國，其同時也是重要的產品消費者。因此，一個越來越開放的大陸經貿體系，將是促進大陸地區都市化，以及增加世界主要國家經濟成長和就業機會的來源。

第二、雖然中國大陸在最近的幾年，展現出強勁的經濟成長力，但是，其在經濟發展上所遭遇的結構性瓶頸，也令人印象深刻。首先是日趨嚴峻的失業問題，已經被中共的領導階層視為「頭等大事」。過去的兩年間，中共方面積極地推動國有企業的改革，但是卻也製造了將近二千萬的失業工人；其次，在大陸的農村現有將近一億五千萬的盲流。這些農民紛紛湧入人口密集的城市，卻無法在城市取得戶籍和就業機會，甚至開始形成社會動亂的溫床；第三項難題則是大陸的農產品在面臨進口產品的競爭下，毫無價格上及品質上的招架能力。因此，一旦大陸方面按照WTO的規範開放農產品進口，其勢必會造成大陸農村更加嚴重的失業問題，甚至導致農村的破產；第四項挑戰是都市及工業城市的工潮運動事件日益頻繁。城市工人為了爭取工資所導致的工運事件，在兩年前即達到四千二百件以上，而且有逐年增加的現象；此外，中國大陸內部的地域性保護主義風氣日益盛行，此不僅造成地域發展差距擴大惡化的結果，更演變成中央政府與地方政府之間的矛盾加深，讓國際投資者不知所措。

第三、美國在中國大陸進行各項經貿互動議題的協商談判時，必須要把握的重點包括：（一）繼續鼓勵中國大陸保持開放性的經濟政策，尤其是要求大陸方面全面履行WTO的規範，進而為美國的產品開創更寬廣的銷售機會；（二）鼓勵中國大陸銀行體系進行全面性的改革，同時並協助人民幣在國際貨幣市場上，逐步地推動彈性的匯率制度，以務實反映人民幣的市場價值；（三）美國方面有必要逐步地要求中共方面減少出口產品的退稅制度，以達到公平貿易的原則，讓大陸的出口產品能夠反映合理的成本，也讓美國的產品能夠在公平價格的基礎上，與大陸產品競爭；（四）美國應該要求中國大陸開放資本市場，讓美國的資金能夠自由進出大陸的股市，以更靈活的方式，參與中國大陸企業的集資和發展。

第四、美國與中國大陸的經貿互動，在本質上與日本間的互動有很大的差別。過去的十年間，中國大陸總共創造出一億個工作機會。這種經濟發展的能量，不僅體現在出口的成長、稅

備忘錄一四八

美台軍售關係的困境

時間：二〇〇四年四月二十三日

四月二十一日，美國國防部主管國際安全事務的助理部長羅德曼，在眾議院國際關係委員會的聽證會上指出，台灣的國防面臨挑戰，而在國際社會中，願意協助台灣捍衛安全的國家，幾乎只有美國；這種「孤立」的狀況，使台灣無法充份瞭解世界各國的國防轉型現況，更使台灣在武器採購上面臨較多變數。與此同時，羅德曼強調，美國希望台灣在夏天通過特別預算，購買至為重要的飛彈防禦、反潛等配備，也希望台灣各黨派都能支持此預算。隨後，美國國防部副助理部長勞理斯表示，中共方面為加強軍事現代化進程及嚇阻台灣宣佈獨立的舉動，今年的國防實際支出大幅增加，超過原先預算的兩倍，達到五百億到七百億美元的水準。面對中共軍事現代化的快速發展，美方認為，台灣必須大量投資於國防建設，否則軍事力量將會相形減弱。但是，現階段的美國對台軍售，卻遭逢到前所未見的複雜環境，導致雙方的軍售合作關係，陷入更為棘手的困境。今年四月中旬，美軍太平洋總部的智庫「亞太安全研究中心」（Asia-Pacific Center for Security Studies），發表兩篇探討美台軍售問題的專論，分別由該研究中心資深研究員Dr. Denny Roy及Dr. Richard A. Bitzinger撰寫。現謹將內容要點分述如下：

第一、在「台灣關係法」的規範下，美國政府必須做到的兩項任務包括：（一）協助台灣擁有適當的防衛力量；（二）美國自己要維持實力，以備一旦台灣遭遇武力攻擊時，美國可與之抗衡。不過，現階段的兩岸關係與台灣內部政局的演變，卻讓美台的軍售合作關係，陷入高度的政治敏感性，甚至造成美台和美「中」雙方的相互猜疑和不信任感。整體而言，北京方面認為，美國出售先進的武器裝備給台灣，等於是向台灣當局釋放出「鼓勵台獨」的訊息；至於台北內部，有為數不少的人士則認為，美國基於「台灣關係法」，有義務保衛台灣的民主社會，因此台灣自己沒有必要花費大筆的國防經費，向美國採購各項先進的軍事裝備和武器；此外，目前執政的民進黨政府，其一方面希望能強化台美的軍事合作關係，但是又受限於政府財政能力的困窘，而無法確實執行對美的軍購項目；與此同時，美國方面雖然有意加速推動對台的軍售行動，但是在美國與中共互動的大架構下，美方亦擔憂，若讓民進黨政府獲得大批先進的武器裝備，是否會造成北京與台北當局同時解讀認為，美國實際上是有意在推行「一中一台」的政策，甚至進而刺激兩岸雙方，同時做出企圖片面改變台海現狀的行為，導致台海地區爆發軍事衝突的災難性後果。

第二、美國國防部的主流意見認為，台灣的軍事能力如果太過脆弱，將很容易引誘中共方面侵略的野心。但是，美方也發現，台灣內部在不少人士似乎缺乏強化本身軍事能力，並藉以保衛國家安全的意願與決心；此外，美方人士甚至認為，台灣內部有為數不少的人士想搭美國的順風車，靠美國在西太平洋的軍力，來維持台海的和平與穩定。因此美國國防部對於台灣方面強化軍事能力、推動軍事革新，以及進行對美軍購的進度與效率，均表現出相當不滿意，甚至困惑與不耐的態度。

第三、從台北的角度觀之，台灣的政治社會結構，已經出現高度敏感的政黨競爭狀態。朝野政黨的國會議員對軍購案和國防事務，均表現出相當強的關切程度，並發表各種不同的意見與策略，導致軍購案的預算審查過程趨向複雜與冗長，甚至陷入難解的僵局。執政黨指控在野黨為統一故意杯葛軍購預算，而在野黨也批評執政黨藉軍購搞台獨。這讓多項軍購案陷入僵局並原地踏步。

第四、現階段促使美台軍售關係陷入困境的另一個主要原因是，台北方面不僅在財政能力上無法支應龐大的軍購支出，同時其對於美國方面所提出的主要軍品價格，也表現出高度的不滿。例如，美國所提出柴電動力潛艦的價格，高達十億美元以上乙艘，幾乎等同於核動力潛艦的價格水準，比起韓國向德國購進每艘只需三億四千萬美元的價格，實有懸殊的差距。另外，台北方面亦抱怨美國所出售的武器裝備，並不符合台北軍事戰略規劃的需要，其等同於增加台北額外的國防經費負擔，更讓台北方面懷疑美國所推動的軍售合作，其真正的用意何在？

備忘錄一四九

美國支持台海維持現狀的理由

時間：二〇〇四年四月二十四日

四月二十二日，美國國務卿鮑爾在接見大陸國務院副總理吳儀時表示，美國的台海政策立場是，繼續信守「一個中國」政策、三個聯合公報，以及「台灣關係法」；同時美國也反對台海兩岸任何一方片面改變台海現狀。據報導，中共當局曾經於四月中旬，向到訪的美國副總統錢尼強調，北京已經作好隨時以武力解決台灣問題的準備，如果陳水扁繼續推行台獨，中共將採取果斷的方式解決台灣問題，屆時兩岸動武將難以避免。隨後，美國情報部門的官員亦發出警訊指出，在陳水扁再度當選總統之後，中共已經強化了對台灣的批評，同時，其並認為，台灣兩岸間最主要的危險時段是在五月二十日總統就職典禮之前，中共可能採取包括大型軍事演習或導彈試射等手段，對台灣進行威懾的行動，以嚇阻台獨的氣焰。四月二十一日，美國國務院及國防部的官員，在眾議院國際關係委員會的聽證會中，公開表達其對台海局勢的憂慮，甚至認為中共若對台動武，美國的嚇阻行為可能會失敗，因此，美方也再度重申，「美國支持台灣的民主，但不支持台灣獨立」，同時，其更進一步強調，「台灣片面邁向獨立的舉動可能招致中共危險的反應，而這種反應可能摧毀台灣大部份的成就，並粉碎台灣未來的希望」。四月十七日，美國華府智庫「台灣安全研究中心」（Taiwan Security Research Center）的電子報，發表一篇由大西洋理事會研究員Dr. Martin Lasater所撰的文章「Supporting the Status Quo」；另外，華府智庫「戰略與國際研究中心」的附屬機構「太平洋論壇」（Pacific Forum），所出版的電子季報「Comparative Connections」，亦發表一篇由喬治城大學教授唐耐心（Nancy Bernkopf Tucker），所撰寫的「Four Years of Commitment and Crisis」。兩篇專論均針對美國堅持台海維持現狀的理由，提出深入的剖析，其要點如下：

第一：目前有越來越多的西方觀察人士認為，台北與北京之間爆發軍事衝突的可能性正在增加當中。一旦台海雙方爆發戰爭，縱使中共解放軍被打敗，台灣仍然無法獲得國際社會正式承認的結果。換言之，縱使台海雙方經過一場戰爭，仍然無法改變現狀，因為美國既無意願與中共發生嚴重的軍事衝突，也沒有興趣支持台灣永遠與中國分離，而中國的統一或者台灣獨立，都不可能出現。整體而言，美國在台海地區所能夠貢獻的角色是，提供台海雙方足夠的時間與環境，以和平的方式化解彼此的歧見。更何況一旦發生戰爭，台灣所遭到的將是毀滅性後果。

第二：現階段，北京方面最迫切需要努力的工作是積極推動各項經濟、社會，以及政治性的改革；至於台北方面則是需要加強實力並有效化解各種挫折感的意識。然而，台海兩岸間逐步建立起可以操作的協議架構條件，也已經開始出現，其中包括：（一）兩岸經濟整合的速度與勁道，已非雙方政府部門所能夠阻止或控制，同時，台灣也已經無法自外於大中華經濟圈的發展格局與趨勢；（二）台灣的民主政治已經生根，因此香港的「一國兩制」模式，將很難運用在處理台灣的難題上；（三）中國大陸快速的經濟發展與改革措施，已經讓台海兩岸制度與生活方式的差距逐漸縮小，同時也營造出務實理性處理台灣問題的氣氛與討論空間。

第三：台北與北京之間在公投制憲及總統大選的議題上，出現了非常微妙的默契。陳水扁強調公投制憲只是為了要深化民主，並非要搞台獨，而總統大選時舉辦的公民投票也都沒有過半。換言之，雙方都無意互踩對方的底線，導致政治性甚至軍事性的攤牌結局。不過，前述的務實性發展，並不代表陳水扁將會公開表示放棄追求建立台灣共和國的理念，或者中共方面公開強調放棄控制台灣的意圖。因此，對於美國而言，其最佳的策略既不是支持台灣與中國永遠分離，也不是同意中共併吞台灣，而是繼續的堅持維持台海現狀，為兩岸的中國人保留和平化解歧見的空間與機會。

第四：隨著台灣內部政局的演變和大陸政治經濟快速發展的新形勢，美國不僅不準備放棄台灣，反而會根據台灣關係法的規範，認真地保護台灣二千三百萬人的福祉與安全。因此，美國當局不僅要堅持維持台海和平與穩定的現狀，同時還要正告台海兩岸當局，和平是美國在台海地區及西太平洋的關鍵利益。換言之，美國將採用新的戰略性模糊政策，一方面告訴台北方面，美國不可能在任何狀況下都出兵保衛台灣；同時，美國也將正告北京，要北京當局不要認為其對台採取軍事侵略時，美國不會出兵保護台灣。

備忘錄 一五〇

中共軍事現代化的虛與實

時間：二〇〇四年五月三日

五月二日，大陸總理溫家寶率團赴歐洲訪問，並以擴大中共與歐盟國家經貿關係，敦促歐盟撤銷對中共武器禁運為主要任務。在此之前，俄羅斯負責軍事技術合作的人士指出，由於俄羅斯將面臨歐盟國家競爭的壓力，其計劃放寬對大陸出口先進武器的限制，並考慮與中共軍方合作研製先進的武器。整體而言，共軍在提升其高科技作戰能力的規劃與執行過程中，顯然碰到相當明顯的結構性瓶頸，其中包括如何裁減軍隊人數以節省人事經費，並將資源轉移到提升戰力的項目；其次，共軍在研發雷射導引炸彈、電子戰反制設備、資訊作戰平台和電腦病毒、反衛星武器、高能微波武器、衛星偵察能力、高速通訊能力、潛射彈導飛彈打擊能力、先進戰機、潛艦和水面作戰軍艦等，都面臨相當程度的技術關卡。因此，共軍積極企圖突破西歐及美國的軍事技術禁運限制，以加速提升其執行高技術局部戰爭的能力。據此趨勢觀之，中共的軍事現代化隨著經濟實力的提升，以及國際環境的改變，將會具體朝高技術局部戰爭能力增強的方向，展開新一輪的部署。目前有不少美國華府智庫界觀察人士認為，中共軍力的發展對於美軍在西太平洋地區，尤其是台灣海峽的軍事應變計劃而言，勢必會造成結構性的衝擊，甚至可能為美國對台海兩岸政策的重大轉變，提供關鍵性的刺激因素。去年十二月下旬，美軍太平洋總部的智庫「亞太安全研究中心」（Asia-Pacific Center for Security Studies），曾經發表一份探討亞洲國家對中共發展看法的研究報告「Asia's China Debate」，文中特別針對美國智庫界，評估中共軍力虛實的討論，以「A Paper Tiger No More? The US Debate over China's Military Modernization」為題，提出深入的剖析，其內容要點如下述：

第一：基本上，大多數的中國問題觀察人士都認為，共軍已經下定決心，集中資源以加強發展「高技術條件下局部戰爭」的作戰能力。在這項戰略思維的指導下，共軍強調「首戰即決戰」的概念，積極發展「以弱勝強、以小博大」的戰略戰術，並以延阻美軍介入台海戰事，做為現階段軍事現代化的階段性發展目標。

第二：共軍的經費預算總額，一直是美方研究機構及觀察人士，積極想要掌握瞭解的重要情報。但是，到目前為止，卻很少有人能夠提出精確的共軍經費預算數額。根據中共官方在二〇〇三年所提供的國防經費金額推算，共軍花費在軍事現代化的經費估計應在五百億美元到六百五十億美元之間。據此數額觀之，共軍已經是僅次於美國和俄羅斯，成為全世界第三大的軍費支出國。不過，中共的國防經費是否能繼續維持成長的局面，實不容過度樂觀，因為中共的政府赤字在近幾年來節節攀高，倘若大陸的經濟發展受挫，或者成長趨緩，則吾人將不能排除中共軍力發展亦同樣受阻的狀況出現。

第三：最近十年以來，中共軍方積極的從俄羅斯引進多項先進的軍事技術與硬體裝備，其目的不僅在於更換老舊的設備與武器，同時，共軍亦著眼於發展「不對稱作戰」的能力，以期能夠在嚇阻美軍行動時，發揮真正的效果。目前共軍所擁有的戰略武器數量和戰力，都明顯落後於美軍，但是以共軍在最近兩年間所展現出來的軍力推估，到二〇一〇年時，共軍將至少有六十枚以上的多彈頭、固態燃料推進投擲的洲際彈導飛彈，可以直接威脅美國本土的安全。另外，共軍近兩年來積極試射核動力潛艦發射的潛射洲際彈導飛彈，亦展現出相當驚人的進步，甚至迫使美軍認真評估其對太平洋美軍的安全威脅。至於在空軍發展方面，共軍已經先後自俄羅斯引進二百七十架左右的蘇愷二十七戰機和八十架左右的蘇愷三十戰機。另共軍自行研發製造的殲十型戰機亦開始量產。此項空中武力的發展，勢必會對台海的制空權之爭，造成新一輪的衝擊。

第四：共軍經歷美軍先後執行兩次波灣戰爭的震憾後，深刻瞭解資訊戰、衛星武器，以及特種部隊作戰的強勢攻擊效果。因此，共軍在最近兩年以來，即加速進行影像衛星和電偵衛星的發展。同時，其亦針對攻擊航空母艦的能力，和反制敵國衛星武器的能力，進行技術的引進與研發。不過，共軍在其軍力現代化的發展過程中，仍然有許多發展限制有待克服，其中包括：（一）把民用技術轉移成軍事性技術的研發能力不足；（二）資源重覆配置或產能過剩，造成軍事資源的浪費；（三）軍隊的系統整合及管理能力仍然不足；（四）國有企業不肯進行創新的研發，導致技術能力的瓶頸無法克服。

備忘錄 一五一

中國大陸市場的虛與實

時間：二〇〇四年五月八日

五月七日，大陸總理溫家寶在比利時表示：「中國大陸解決溫飽問題的水平還是低的。現在沒有解決溫飽的還有三千萬，而且都在邊遠地區。」此外，溫進一步強調，在大陸的十三億人口中，勞動力就有七億五千萬，其中農村五億，城市兩億五千萬，而大陸當局的挑戰就是要解決這麼多人的吃飯和就業問題，如果解決了這兩個問題，那就是中國對世界的最大貢獻。今年四月下旬，溫家寶宣佈將採取經濟發展的降溫措施，隨即引發全球性的經濟緊縮效應。北京大學教授吳敬璉認為，中國大陸經濟之所以出現過熱，主要癥結在於投資效率太低；二〇〇二年大陸的全部投資佔GDP的百分之四十二，在二〇〇三年已經到了百分之四十六左右，而美國是百分之十，印度的GDP增長和中國大陸差不多，但其中投資只佔了百分之二十四。由於中國大陸經濟增長的質量比較差，所以一旦GDP增長超過百分之八，經濟很快就會出現過熱。因此，吳敬璉強調，中國大陸經濟目前亟須解決的不是爭論是否過熱的問題，而是採取何種政策來調整經濟結構的問題。四月下旬，美國華府智庫「戰略與國際研究中心」（CSIS），即發表一份題為：「Partners and Competitors: Coming to terms with the US-China economic relationship」的研究報告，以及五月上旬的「亞洲華爾街日報」，都曾針對中國大陸市場的虛實狀況，有深入淺出的描述，其內容要點如下：

第一：中國大陸在二〇〇三年的國民生產毛額（GDP），已經達到一兆四千億美元的水準，其雖然還不到全球生產毛額的百分之四，但卻是全球經濟成長的主要驅動力。以二〇〇三年為例，中國大陸的石油消費佔全世界的百分之七，而其也是許多重要物資的最大進口國，包括佔全球市場百分之二十七的鋼鐵、百分之三十一的煤，以及百分之四十的水泥等。此外，在過去五年的全球資本消費增加額中，百分之二十五出自中國大陸。根據國際投資銀行摩根史坦利公司的專家羅奇表示，對於經營建築、基礎設施，或工業機械的企業而言，如果百分之二十五的成長出自於中國大陸市場，就必須對中國大陸的一舉一動小心留意。目前中國大陸的經濟輕踩發展煞車，應該被視為一個全球性問題，至於大陸經濟是否能夠達成「軟著陸」的目標，國際上眾多經濟專家的看法仍有嚴重分歧。

第二：中國大陸在最近的幾年以來，已經成為全世界吸引外國投資金額最多的地區之一。其之所以能夠吸引外資，並不只靠「廉價勞動力」的誘因。目前更令外資感到興趣的是，中國大陸快速成長的國內消費市場、逐漸改善的生產力、日益優良的基礎建設，以及高技術的產品要求標準和品管水準提升等，都是吸引外資的有利條件。從中國大陸消費者的基本結構觀之，大陸市場的消費能力正處於起飛階段，目前有二億六千八百萬的城市消費者，年齡介於十五歲到六十五歲，而其間的人口特質在於消費群的所得日益增加，但是產品卻在市場高度競爭的環境中，出現價格低廉的現象，並進一步刺激消費者的需求。此外，大陸的消費者習慣用現金買車置產。目前有百分之八十的汽車交易使用現金，另有百分之五十的購屋交易使用貸款。換言之，中國大陸的消費性貸款市場潛力雄厚，而都會型專業人士的購買力，也將會有更可觀的成長空間。整體而言，中國大陸市場的需求量，在未來的五十年間，將會出現逐級增加的正面發展趨勢。

第三：中國大陸勞動力的供給和勞動生產的增加，也都呈現正面發展的趨勢。目前歐美地區工人的時薪是大陸工人時薪的十五到二十倍。例如大陸成衣工廠工人的時薪只有四角美元，還比墨西哥工人的時薪低百分之三十。此外，目前大陸的城市地區還有高達一千五百萬的待業人口，因此廉價的勞動力仍將可以維持相當長的一段時間。

第四：雖然中國大陸的市場在需求面和供給面等，都呈現出正面發展的強勁態勢。但是，大陸整體的經濟環境亦相繼暴露日益嚴峻的結構性難題，其中包括貧富差距明顯加大、所得分配不均的情況日益懸殊，以及失業問題遲遲無法改善等。根據聯合國二〇〇三年人力發展報告指出，中國大陸有百分之十六點一的人口，約達二億八百萬人每天的生活費不到一美元；另外有百分之四十七點三的人口，約達六億一千五百萬人每天的生活費少於二美元。換言之，中國大陸的經濟結構是否會發展成「二元經濟結構」，造成貧富懸殊對立和地區發展差距的對立，已經成為大陸經濟和社會的最大隱憂。

備忘錄一五二

陳水扁操作「兩岸三邊牌」的策略思維

時間：二〇〇四年五月九日

五月七日，美國國務卿鮑爾在與新加坡總理吳作棟會面後表示，美國正在期待陳水扁的五二〇就職演說，並呼籲台海兩岸注重雙方的言辭及單方面行動，以免增加亞太區域的緊張情勢；此外，鮑爾重申，美國的「一個中國」政策立場非常明確，而且布希總統也一再強調，美國不支持台灣獨立，因為此舉並不符合美國的「一個中國」政策。

陳水扁在瞭解美方針對「中美台」三邊關係的明確態度之後，已經積極展開部署，以期能夠在各方勢力推擠中，保持動態的平衡，而其具體作法如下：第一，推動成立「兩岸和平發展委員會」，規劃訂定「兩岸和平發展綱領」，並由陳水扁親自擔任主任委員；第二，明確向美方表示，新憲的制定與實施計劃時間表不變，但新憲的內容不會觸及主權改變問題；第三，宣佈兩岸海運便捷化措施，除增開台中港與基隆港為境外航運中心的適用港外，也開放權宜輪與國際輪承攬國際貨與轉口貨的定期航班，不需再彎靠第三地；第四，積極強調「和平穩定」是「中」美台三方的共同利益，而維持穩定的台海局勢，兩岸都有責任。

整體而言，陳水扁政府認為，目前「中」美台三方內部都有很多亟待解決的問題，例如，

備忘錄 一五三

美與大陸互動中的俄羅斯因素

時間：二〇〇四年五月十四日

自二〇〇三年開始，中國大陸已經成為僅次於美國的世界第二大石油進口國和消費國。由於俄羅斯是世界上主要的石油與天然氣生產國和出口國，同時，俄羅斯有開發西伯利亞和遠東油氣資源的迫切需要，因此，「中」俄雙方在這種互補性帶動之下，已經積極地強化互利合作的建設性合作關係。五月上旬，前美國國家安全顧問柏格（Samuel R. Berger），在最近一期的「外交事務雙月刊」中表示，未來新一任的美國總統，必須正視俄羅斯與中共互動關係的趨勢，以確保美國的關鍵利益。隨後在五月十三日，華府重要智庫「詹姆士城基金會」出版的「中國簡報」，亦發表一篇題為「俄羅斯在美中關係中有影響力嗎？」（U.S-China Relations: Does Russia Matter?）的專論，深度剖析俄羅斯在美「中」互動的角色；此外，美軍太平洋總部智庫「亞太安全研究中心」（Asia-Pacific Center for Security Studies），在今年年初曾經發表一份研究報告，從俄羅斯內部的辯論，探討美國與中共互動發展的趨勢中，俄羅斯所處的戰略位置。近年以來，中共與俄羅斯的互動關係，隨著雙方在軍事技術交流合作、軍購關係、能源合作，以及經貿互動和邊界爭議協商等重大議題的支持下，已經出現質的變化，而此項進展更進一步引起美國戰略規劃者的重視，並認為此趨勢必須要納入整體的美「中」互動架構下思考。現謹將前述的研究，以要點分述如下：

第一：冷戰時期結束後，俄羅斯與中共經過十幾年的互動，已經分別在政治、經濟，以及軍事的領域中，建立了密切的合作關係。雖然俄、「中」彼此之間仍存有相當多分歧的利益，尤其是俄羅斯內部有不少人士認為，中共是俄羅斯國家安全最大的威脅者。但是，整體而言，俄羅斯與中共都認為，維持一個多極化的世界格局，防止美國的超強地位擴大，符合俄羅斯和中共的共同利益。此外，俄羅斯與中共的互動關係變化，將會分別受到雙方綜合國力消長的影響，同時也會受到莫斯科與遠東地區領導人的互動狀況變化，以及俄「中」雙方各自與美國互動關係變化的牽引。換言之，美國分別與俄羅斯及中共發展各項互動合作關係的程度，也將會影響到俄羅斯與中共關係發展的變化。

第二：目前，中共與俄羅斯的互動關係，除了雙方簽署的「戰略協作夥伴關係」之外，亦能透過「上海六國合作組織」的架構，進行多邊的軍事安全與經貿互動合作關係。具體而言，俄羅斯為了要維持本國軍工業的生存，以及穩定的外匯收入，在國家安全與經貿發展的雙重考量之下，暫時擱置「中國威脅論」的爭議，持續出售先進的軍事科技、裝備、以及石油和天然氣等戰略資源，以換取外匯和良好的「俄中鄰國關係」。二〇〇三年五月，俄羅斯的石油公司與中國國家石油公司，簽署一項價值高達一千五百億美元的石油供應合約。俄羅斯將使用大慶油管從二〇〇五年到二〇三〇年，供給中共五十一億三千萬桶石油。雖然，這項龐大的石油供應計劃正受到另一項，由日本所提出的石油供應計劃的競爭，而面臨膠著的僵持狀態。但是，俄羅斯與中共在石油與天然氣的供應合作，仍將會朝向持續發展的道路前進。

第三：俄羅斯與中共的互動關係中，軍售和軍事技術的交流合作，扮演相當重要的角色，而這項重要的發展也勢必會衝擊到美國與中共互動的架構。最近的幾年以來，中共平均每年都向俄羅斯進口十億美元以上的軍事裝備與技術，佔俄羅斯每年軍品出口的百分之四十。二〇〇三年五月，俄羅斯的軍備出口機構與中共簽署一項價值十五億美元的合約，將出售八艘先進的柴電動力潛艦給中共，並配備「俱樂部」級的飛彈系統，此外，俄羅斯的科學家及工程師，為了維持本身的生存，在未經政府授權的狀況下，直接接受中共的聘請，前往中國大陸參加各項科技發展和新武器的研發計劃。近日以來，中共的太空發展計劃、核動力潛艦計劃等進步的狀況，都可以發現俄羅斯專家的踪影。整體而言，中共的軍事科技能力在俄羅斯技術的支持下，已經產生具體的提升效果，而這種質的變化，對於美「中」的互動關係，也形成一種質變的壓力。因為美國必須正視中共軍力增強的影響，而中共方面也將運用此力量，增加與美國互動與協商的籌碼。

第四：整體而言，俄羅斯與中共的各項合作關係中，仍然存在明顯的分歧利益。因此，俄「中」的雙邊合作，還不致於發展成為反美的同盟關係。更重要的是，目前俄羅斯與中共，同時都需要與美國建立建設性的合作關係，以擴大本國的國家利益。換言之，俄羅斯在美國與中共互動關係中的影響力確實存在，但是，其程度還不致於威脅到美國的關鍵利益。

備忘錄一五四

陳水扁操作「兩岸三邊牌」的困境

時間：二〇〇四年五月十八日

五月十七日凌晨，中共國台辦發表聲明指出：「未來四年，無論什麼人在台灣當權，只要他們承認世界上只有一個中國，大陸和台灣同屬一個中國，摒棄『台獨』主張，停止『台獨』活動，兩岸關係即可展現和平穩定發展的光明前景。」；隨後，其提出七項主張，包括呼應陳水扁於日前所闡述的「兩岸和平穩定互動架構」構想；不過，這篇聲明強調：「如果台灣當權者堅持『台獨』分裂立場，堅持『一邊一國』的分裂主張，非但上述前景不能實現，而且將葬送兩岸的和平穩定、互利雙贏」。

綜觀全篇聲明內容，其刻意影響陳水扁五二〇演說的用意明顯，但更深一層的內涵，則是對台灣朝野政黨的「台灣認同」意識，與台獨的分裂立場區隔對待，並暗示其對總統選舉最終的結果仍有所保留。此外，這項新的對台政策綱領將逐漸淡化「一國兩制」的思維，朝向「在一中原則下建構兩岸和平穩定互動架構」的構想前進，但未指明打交道的對象。換言之，中共方面有意採取主動態度，測試台灣朝野政黨處理兩岸關係的立場與能力。

目前，陳水扁雖然蓄意運用「借力使用」的動態平衡策略，以維持本身的政權存續。但

備忘錄 一五五

亞洲國家對「中國崛起」的態度

時間：二〇〇四年五月二十三日

今年四月下旬，美國國防大學國家戰略研究所在華府舉行一年一度的「太平洋論壇」（Pacific Symposium），探討美國的亞太安全政策，以及亞洲國家對「中國崛起」的態度和反應。這項研討會邀集代表澳大利亞、中共、印度、日本、韓國、新加坡、泰國、美國等亞太國家的學術界、實務界，以及軍方的人士，共同參與討論。研討會的主題包括：（一）瞭解亞太主要國家的外交及國家安全政策，如何看待及因應中共影響力擴大的趨勢；（二）亞太國家如何考量中共的發展方向，對其未來政策所構成的影響；（三）亞太主要國家與美國在安全議題的合作關係，是否會受到中共崛起的因素影響而有所改變。五月二十三日，北京的英文「中國日報」指出，大陸與東南亞國協已經達成共識，將在二〇一〇年之前成立全球人口最多的自由貿易區，至於相關的談判均正順利進行當中。另外中共已經與東協相關國家達成共識，把農業、資訊、通訊技術、人力資源發展、相互投資，以及湄公河開發等，列為優先立即合作項目。與此同時，中共在東北亞地區、台海地區、南亞地區、中亞地區、大洋洲地區，以及中俄邊界，均積極推動經濟合作的理念，並強調「中國和平崛起」，只會為亞洲鄰國創造更多的經濟機會，而不會成為亞洲國家的威脅者。今年一月下旬，美軍太平洋總部的智庫「亞太安全研究中心」（Asia-Pacific Center for Security Studies），即發表一份題為「Weighting for China, Counting on the United States: Asia's China Debate and U.S. Interests」的研究報告，即針對亞洲主要國家對「中國崛起」的看法，提出深入的剖析，其要點如下：

第一：亞洲國家在討論「中國崛起」的議題時，顯露出四項特質包括：（一）亞洲國家開始認真地探討中國崛起的議題，是冷戰結束以後的事情，尤其是在台海飛彈危機及亞洲金融危機出現之後，亞洲國家瞭解到中國在亞洲的行為，不論是在區域安全和經濟發展上，都具有重大的影響力；（二）中國崛起所造成的影響在亞洲國家的討論中，仍然持續地在演變。但是，其影響力擴大所造成的複雜形勢，已經讓亞洲國家意識到其必須認真對待此挑戰，尤其當日本正受困於本國的政治經濟難題、俄羅斯的影響力式微、印度與巴基斯坦也被國內政經難題所牽絆，而美國也有中東的僵局要收拾等狀況下，中國正好可以藉此機會發揮其在亞洲的影響力；（三）目前大多數的亞洲國家選擇與中國進行建設性的互動，但是卻不願意表現出「臣服」的態度。另外，多數亞洲國家仍然希望美國能夠繼續留在亞洲，以有效平衡中國力量的擴張；（四）雖然亞洲國家大多希望與中國進行正面的互動合作，但是其對於中國在文化上和政治上的霸權主義，仍然不時顯露出嚴重的焦慮感。

第二：在亞洲國家的內部，其對於討論「中國崛起」的議題，有不同的方式與程度。北韓是以圈內封閉的方式討論中國問題，外界很難瞭解其中的奧密；巴基斯坦與中共有非常密切的軍事合作關係，因此，其對中國問題的討論主要是集中在軍方和官僚體系之內，並保持高度的敏感性和神秘性；日本內部對於中國問題的討論則是公開而且熱絡；俄羅斯在討論中國問題時，則集中在決策精英及知識階層，同時俄羅斯對於民族主義的情緒和國家安全的考量，有深層的戰略思考；印度在討論中國問題時，也是集中在決策圈和知識階層，目前並傾向於加強與中國發展合作關係；印尼和澳大利亞對中國問題的討論則傾向於公開，並積極希望與中國發展經濟合作的關係；泰國內部討論中國問題的環境則擁有正面、積極，而且開放的氣氛。

第三：亞洲國家對於中國和美國的互動關係，經常處於一種週期性的變動，而感到相當的困惑。目前，亞洲國家最不願意面對的難題就是，當美國與中共爆發激烈的衝突時，亞洲國家勢必要被迫選邊站，而這種狀況將造成亞洲國家，無所適從的窘境。因此，亞洲國家都希望美國與中國之間，能夠維持一種穩定、一致，而且可以預測的互動關係，使亞洲國家的軍事安全與外交政策，能夠在一個穩定的架構之內推動與發展。

第四：亞洲國家對中國崛起所產生的複雜情緒及焦慮感，正好能夠對美國在亞洲地區，所推展的經貿政策和軍事安全合作計劃，形成催化促進的效果。因為中國的快速崛起，讓亞洲國家想到牽制其勢力過度擴張的必要性，並希望美國能夠繼續在亞洲發揮影響力。整體而言，近兩年以來，亞洲國家已經明顯地提高了，積極與美國政策配合的意願與態度，例如印度、越

備忘錄 一五六

台海問題中的政經基礎

時間：二〇〇四年五月二十五日

五月二十四日，中共國台辦在北京舉行記者會發表聲明指出，台獨沒有和平，分裂沒有穩定，而一個中國原則是發展兩岸關係和台海穩定的基礎；同時，國台辦發言人張銘清亦強調，陳水扁的五二〇講話，依然不承認兩岸同屬一個中國，這表明陳未放棄台獨立場，也沒有表現改善兩岸關係的誠意。

在此之前，美國在台協會台北辦事處處長包道格，於五月二十三日在台北表示，台灣若不認真看待中共的武力，是不負責的作法；同時，其也希望台灣勿將美國的支持當成空白支票，而抗拒與中共對話；此外，包道格強調，美方希望兩岸保持良好關係，建立互信基礎並創造雙方都能接受的條件，然後重回協商談判的對話軌道。

近幾年以來，中國大陸已經成為全球的製造業基地。隨著其與世界各國經貿互動的強化，中國大陸成為全球性的經濟強權，也只是時間的問題。在此同時，台灣與大陸間的經貿互動也出現了史無前例的密切程度。毫無疑問的是，台灣的經濟繁榮將明顯地受制於台海兩岸間政治關係的變化。到目前為止，中共方面處理「台灣問題」的策略，仍是按兩項原則進行，包括：

（一）堅持主權與領土完整，不放棄使用武力，以粉碎「台獨」；（二）以軍事為後盾，經濟利益為餌，懷柔與強硬手段交織運用，對島內「打進拉出」，對國際「封殺中華民國」，以「內外夾攻、全面包圍」的戰術，逼簽「城下之盟」，達成以中共為主導的「和平統一、一國兩制」。

過去十年來，國民黨曾經就兩岸關係與大陸政策，先後提出「國家統一綱領」、「階段性兩個中國」、「特殊國與國關係」、「一個中國、各自表述」、「中華邦聯」、「兩岸簽署五十年和平協定」，以及「兩岸和平五步驟」等主張與論述。中共一概以堅持「一國兩制」做為回應。政黨輪替以後，中共對扁政府經過「聽其言，觀其行」的階段，已將其定性為「台獨路線的支持者」，進而將增加對台灣「強硬手段」的運用。以目前兩岸經貿互動的特質觀之，台灣的經濟前景勢將受困於兩岸的政治僵局，並每況愈下。換言之，民進黨政府的「台獨路線」，正好成為中共掏空台灣經濟的最有利工具，而台灣的資金、技術與人才，也將更加快速地往中國大陸移動。

備忘錄 一五七

台海政經形勢日趨嚴峻

時間：二〇〇四年五月二十九日

五月二十八日，美國國防部依據「二〇〇〇年國防授權法」規定，向國會提報「中共軍力評估報告書」，並明確指出，台海的情勢變化，使中共解放軍加速現代化；陳水扁的連任及其制憲的計劃，加深了中共領導人的疑慮；因此，共軍已經把整個軍事戰略的重心放在，「積極發展各種有效的軍事行動選擇方案，以阻止台灣走向獨立；如果有必要，將以武力迫使台灣與大陸統一」；此外，共軍的軍事準備重點之一，是要能夠在「台海軍事危機出現時，共軍有能力阻絕、遲滯，以及瓦解第三勢力的介入」。

今年五月中旬，中共國台辦在中共中央授權發佈的「五一七」對台政策聲明中強調，中國大陸「不歡迎在大陸賺了錢的台商回去搞台獨」。據瞭解，目前中國大陸對台商的控管，已經從大型企業延伸到中小型台商。雖然有愈來愈多的台商對於中共官方的做法感到不滿，但是，多數台商對於中共台辦擺明要台商「選邊站」的態度，卻也無可奈何。此外，現在旅居大陸的台商和眷屬們，已經開始慎重地考慮，一旦中共方面對台商和眷屬採取「國民待遇措施」，發給國民身份證和中華人民共和國護照，並讓其盡納稅義務、享國民權利時，台商和眷屬要如何

備忘錄一五八

美國對中共軍力虛實的評估

時間：二〇〇四年六月四日

六月三日，美國華府的「華盛頓時報」指出，在美國國防部長倫斯斐、參謀首長聯席會議，以及美軍太平洋司令部共同主導的兵力結構重組計劃下，關島即將成為美國海軍在西太平洋地區的主要戰略行動中樞；最近美軍已經在關島部署了三艘核動力攻擊潛艦，並計劃到二〇〇六年時，再增加部署三艘攻擊型核動力潛艦；此外，美軍並將在夏威夷部署一支航空母艦戰鬥群，以支援目前以日本為母港的小鷹號航空母艦戰鬥群。另根據日本「每日新聞」於六月一日的專題報導，在美軍的全球軍力整編計劃中，其將減少駐日美軍人數，並考慮把目前位於東京都府中的日本空軍自衛隊航空總指揮部，移至美軍在日本的空軍指揮總部青田基地，加強美軍與日軍的聯合運籌，讓日本成為美軍在太平洋地區發生緊急情形時最重要的戰略據點；在此整編計劃中，值得特別注意的是，美軍準備把空軍戰鬥機的前進基地，設置在沖繩南方的「下地島」，以利於其就近因應台海局勢。整體而言，美軍在西太平洋的軍事戰略部署，已經顯露出日趨強化的傾向。五月二十八日，美國國防部依據「二〇〇〇年國防授權法」規定，向國會提報「中共軍力評估報告書」（Annual Report on the Military Power of the People's Republic of

China），並明確指出，台海的情勢變化，使中共解放軍加速現代化；陳水扁的連任及其制憲的計劃，加深了中共領導人的疑慮；因此，共軍已經把整個軍事戰略的重心放在，積極發展各種有效的軍事行動選擇方案，以阻止台灣走向獨立；如果有必要，將以武力迫使台灣與大陸統一；此外，共軍的軍事準備重點之一，是要能夠在台海軍事危機出現時，有能力阻絕、延滯，以及瓦解第三勢力的介入。換言之，美軍對於共軍的發展，已經有深一層的瞭解，並企圖從更客觀的角度，來掌握中共軍力的虛實變化。現謹將全篇報告，以要點分述如下：

第一：中共的軍事戰略規劃者受到第二次波灣戰爭的衝擊，深刻體會到美軍的戰略部署，已經出現結構性的轉變。目前，共軍的戰略規劃者對於，如何運用長程精準打擊武器與地面的特種部隊結合，形成強大的快速精準攻擊戰力，以因應台海衝突的各種狀況，現正在積極地研究新的戰略和戰法。此外，共軍也在第二次波灣戰爭中，學習如何整合心理戰的運作、快速特種部隊的部署，以及精準的遠程打擊能力，針對敵軍的領導人和指揮中樞，以及通訊網路，進行致命性的攻擊，以快速地摧毀敵軍的作戰意志。換言之，共軍已經瞭解到「聯合作戰」的價值和精髓，並下定決心要從發展指管通情監偵系統著手，進一步提升資訊戰、電子戰，以及快速精準遠程作戰的能力。

第二：共軍的年度經費預算在經濟持續發展的環境中，已經出現顯著的提升。此外，由於共軍有多項的重大研發生產計劃，並沒有列在國防支出的項下，因此，要想準確掌握中共的國防經費支出仍然相當困難。不過，以現行共軍的整個兵力結構和軍力的發展估算，其國防支出大約介於五百億美元與七百億美元之間，並已超過日本的國防支出，成為全世界僅次於美、俄兩國的第三大軍費支出國。共軍在日益充沛的經費支持下，正積極從俄羅斯引進先進的軍事技術和裝備，包括蘇愷三十戰機、地對空飛彈，以及巡弋飛彈和太空技術等項目。現階段，共軍積極發展的武器包括：（一）固態燃料推進的洲際彈導飛彈體系；（二）戰區性和戰略性的巡弋飛彈打擊能力；（三）以衛星為主體的指揮、管制、通訊、資訊、偵察、監控系統，做為資訊戰、電子戰，以及快速反應作戰的主控平台；（四）核動力的攻擊型潛艦和潛射洲際彈導飛彈；（五）運用在電子戰及偵搜功能的無人駕駛飛機；（六）運用衛星導航輔助系統，提升長程、中程和短程的彈導飛彈精準程度。

第三：整體而言，中共的國家戰略仍是以維持國內政局的穩定，以及保持和諧的國際周邊環境為主軸，而中共軍力的持續發展，雖然帶來了「中國威脅論」的疑慮，但是，在「反恐戰爭」的考量之下，卻也為中共創造了國際合作的戰略性機會之窗。目前，中共的領導人認為，世界上的主要國家，包括美國、俄羅斯、歐盟，以及日本等，都希望能夠在經貿互動上，以及在軍事安全的領域中，與中共保持建設性的互動關係，並藉此維持有利於本國的優勢環境；但是，從長期而言，以美國為首的西方世界國家，仍然沒有放棄遏制中國發展的思維與部署，尤其是從美國和歐盟仍然限制出口高科技產品和軍事裝備給中國的政策，即可明顯地瞭解到，西

備忘錄 一五九

美國如何維持台海兩岸的動態平衡

時間：二〇〇四年六月七日

六月六日，前任美國國家安全顧問史考克羅，在新加坡的「亞太安全會議」上表示，「現實主義」是美國與中共互動的基礎；歷任的美國總統，不管剛就任時怎樣宣示，但是到最後都回到「一個中國政策」，柯林頓如此，現在的布希也是如此，因為這反映美國基本的國家利益；美國與中共之間並沒有危機，反到是有共同的關切，那就是台灣在未來仍有可能推向獨立；不過史考克羅亦明確的指出，美國會悄悄地告訴台灣的領導者，如果其挑撥起中共的敵意，美國絕不會支持台灣，同樣的，美國也會警告中共的領導人，絕對不可任意動武。現階段，在亞太地區的國際環境中，多數國家都樂意看到美國與中共間的「建設性合作關係」，能夠繼續發展下去。在「台灣問題」上，美國與中共雙方對「維持現狀」的共識與默契相當明顯，同時，北京方面也在美國領導人一再重申不支持「台獨」的表態下，越來越瞭解到「台獨」若沒有美國的支持，其將毫無實現的可能。換言之，中共方面也同樣基於「現實主義」的考量，很樂意地與美國發展「共同利益」的項目，並淡化雙方「分歧利益」的障礙。因此，中共的對台策略，也仍將繼續採取「懷柔與強硬手段交織運用」的方式，進一步營造對其有利的台海局勢與「中」美互動關係。今年四月二十一日，美國國務院東亞事務助卿凱利，曾經在國會的聽證會中，發表一篇題為「Overview of U.S. Policy Toward Taiwan」的證詞。隨後，美國重要智庫「太平洋論壇」（Pacific Forum），亦連續發表兩篇有關美國處理台海情勢的政策建議文章，分別為「Washington's Hands-On Approach to Managing Cross-Strait Tension」以及「Cross-Strait Relations: Hope for a Breakthrough?」這三份文件，對美國如何維持台海兩岸動態平衡的思維，有深入淺出的剖析，現謹將要點分述如下：

第一：美國政府的主流意見認為，台海兩岸的情勢，若稍有不慎而暴發軍事衝突，將會嚴重地威脅到亞太地區的安定，並造成美國利益的重大損失；一旦民進黨政府誤判美國會給予台北，「空白支票式」的安全承諾，進而推動「台灣獨立」及「公投制憲建國」的政策；或者北京方面誤判美國的決心，進而對台採取激烈的軍事手段。這兩種誤判的結果，都將會為台海地區帶來危機。因此，美國政府有必要明確地告訴兩岸當局，美國對台海兩岸情勢的基本立場。

第二：目前，至少在表面上，台北、北京和華府三方都有意要維持台海的現狀。但是，問題的複雜性就出自於，三方面對所謂的「台海現狀」，都有各自不同的詮釋。北京堅持的一個中國原則，把台灣視為中國的一部份，並全力圍堵台灣在國際上，以主權國家的身份出現；台北當局將台灣視為一個主權獨立的國家，同時並積極地推動公民投票的民主方式，進一步確立其主權國家的地位；至於美國所認定的台海現狀，則是強調台海兩岸間的歧見與爭議，必須要以和平的手段來解決，而美國則堅持台海地區，必須保持和平與穩定。整體而言，台北、北京、華府三方面對「台海現狀」都有不同的解讀，而此項認知的分歧與差距，已經明顯地展現在台灣內部政治勢力的角力，並導致台海地區陷入緊張衝突的嚴峻氣氛。

第三：美國政府對於台海兩岸形勢的變化，擁有巨大的戰略利益，因此，美國必須採取積極的態度與明確的立場，而不是採用「放任」的態度，來面對台海地區的緊張情勢。首先，由於有不少民進黨決策人士認為，美國會以軍事行動介入台海衝突，事實上，美國的立場是當「中共無端的攻擊台灣」，美國才會介入。因此，美國政府應阻止民進黨政府挑釁中共；其次，美國應該繼續堅守「一個中國政策」，至於是否協防台灣，美國應該保持模糊策略，不能把台灣當成美國的安全戰略夥伴；最後，美國應該清楚地告訴北京，如果中共無端的以武力攻台，美國將會有軍事上的反應。同時，美國也應告訴台北，任何片面尋求台灣獨立的行為，美國將會制止，因為，美國支持台灣的民主發展，並不等於支持台灣獨立。

第四：整體而言，現階段美國與中共在共同合作處理，有關「反恐戰爭」的議題和朝鮮半島核武危機等問題，已經有漸入佳境的氣氛。同時，美國方面一再表示其不支持「台灣獨立」的態度，也讓中共當局降低了對美國戰略意圖的疑慮，進而願意與美國配合維持亞太地區的和平與穩定。陳水扁在五二〇的演講中，相當程度地反映出，美國在最近期間所積極進行的「預防性外交」措施，顯然已經發揮功效。畢竟，美國在深陷伊拉克泥沼之際，並不願意再增添更多的麻煩；同時，美國確實也承擔不起台海爆發軍事衝突的嚴重後果。

備忘錄一六〇

江澤民與胡錦濤的權力關係

時間：二〇〇四年六月十二日

六月十二日，新加坡「海峽時報」報導指出，在面臨台灣問題危機之際，還擁有中共最後決定權的江澤民，最近對胡錦濤的領導能力不滿，並且持續對胡施壓；同時，儘管面對反對聲浪，但是，江澤民仍打算拔擢曾慶紅成為中共中央軍委副主席。在此之前，美國的華盛頓郵報亦曾經發表專題，深入剖析江澤民與胡錦濤的權力關係，並認為江胡兩系的人馬，正在展開激烈的鬥爭，而「如何處理台灣問題與美中關係」，也成為兩派交鋒的主要議題之一。

目前扁政府內部有不少人士認為，中共內部因「台海議題和中美互動」的路線之爭，已經引爆胡江兩系的權鬥，因此，有必要繼續操作「兩岸三邊牌」，讓中共內部的權力鬥爭惡化，同時並積極爭取華府的鷹派和日本右翼人士的支持，創造「公投制憲建國」的有利環境。換言之，扁政府雖然在五二〇講話中，對「制憲」立場，做出「憲政改造」的妥協論調，但是卻沒有放棄「制憲建國」的目標。此外，扁政府決議延緩推動「兩岸和平與發展委員會」的設置，並期待中共內部的權鬥惡化，以為「公投制憲建國」的路線，找到正當性的基礎，並進一步鞏固十二月立委選舉的基本盤。

然而，從中共高層思考對台政策的角度觀之，只要「台海議題和中美關係」，維持在「複雜而緊張」的矛盾狀態時，江澤民繼續留任中央軍委會主席，並主導重大國際問題，尤其是「中美關係和台海問題」的正當性，也相形增加。由於中共高層的權力結構，目前仍然處在唯妙的平衡生態，九位中共的政治局常委各司其職，而江澤民位居軍委會主席的角色，亦如同當年鄧小平所扮演的功能。換言之，胡江之間的權力矛盾，在分工合作的大格局之下，還不至於爆發鬥爭的場面。反而是江澤民可以運用「台灣問題和美中互動」的複雜性，為自己創造有利於續任軍委會主席的形勢。至於胡錦濤的感受與態度，則是樂見江澤民分擔治國的重擔，尚不致心生不滿之意，因為中國大陸的重大議題實在太多，而且多到令胡錦濤樂於分享權力。至於扁政府的策略，則是繼續運用「兩岸三邊」的矛盾，保持有利於己的動態平衡。

備忘錄 一六一

台灣面對中共威脅的弱點

時間：二〇〇四年六月十四日

近日以來，華府重要智庫人士相繼發出警語強調，在台獨意識型態治國的狀況下，台灣的綜合實力明顯滑落；面對日益崛起的中共，台灣想要爭取到對等協商的地位和較有利的談判籌碼，恐怕將日益困難。

現階段，嚴重傷害台灣整體實力的難題包括：（一）整體民心士氣在面對中共心理戰所顯露的脆弱程度；（二）朝野政黨及政治精英對攸關國家共同利益的兩岸關係政策，嚴重地缺乏共識；（三）台灣的國防體系需要建立具有連貫性的戰略與政策，並在結構上進行全面的改革；（四）台灣缺少促進經濟產業升級所需要的基礎建設。此外，多數美國智庫界相關人士認為，台灣內部遲遲無法就前述的四項難題，提出有效的因應化解之道，正是台灣整體安全的最嚴重威脅。

目前，台灣的朝野政黨對於國家憲政基礎的爭議日趨激烈，而這種現象對規劃國家的國防戰略而言，更是一種嚴重的障礙。近日以來，國軍與美軍在軍事合作項目上，有明顯的質量提升，但是雙方卻同時面臨一個重要的課題，即一旦中共武力犯台，國軍要和美軍一起併肩作戰，或者雙方各打各的，甚至國軍方面站在一旁，委由美軍獨立作戰？此外，台灣現在的政府財力狀況是否有能力符合美軍的要求，採購提升戰力所需的裝備，也成為嚴重的限制。倘若朝野的政治精英，遲遲無法在憲政體制上形成共識，國軍的戰略及軍事能力要想達到一定的水準，仍然是一件非常困難的任務。

隨著中共軍力的成長，其對台灣造成心理戰的效果也將加大，而這種心理戰的效果將會明顯地降低中共武力犯台所需要花費的成本。共軍在最近的一份內部戰力評估報告中表示，台灣的人民由於長期享有安逸的生活，所以抗壓力相對地薄弱；此外，共軍在評估報告中指出，台灣的民眾對於花費鉅資充實國防武力，有相當程度的保留態度。整體而言，台灣內部民心士氣的脆弱性，讓中共的心理戰頻頻奏效，同時，台灣的經濟實力越弱，其能與中共協商談判的籌碼也就越單薄。面對這種日益嚴峻惡化的兩岸形勢消長，執政的陳水扁政府又怎能再推卸責任呢？

備忘錄 一六二

中國大陸科技民族主義的特質

時間：二〇〇四年六月十六日

近月以來，中共的科技主管部門和科研機構，在接連召開的科技發展政策研討會上，紛紛提出「後世貿組織時期」，中國大陸科技產業發展的政策方向；同時，多數與會人士並強調，「三流企業做產品；二流企業做研發；一流企業訂標準」；此外，中共當局從市場的需求能量、科技能力的發展，以及國家安全等因素考量，普遍認為，中國大陸對資訊科技、無線通訊科技，以及電腦應用軟體產品的消費能力，將足以支持自主性產業規格與標準的設訂，並可藉由市場機制的力量，自然地吸引國際性的企業，追隨中國大陸所設訂的產品規格。今年五月下旬，位於美國西雅圖的智庫「國家亞洲研究局」（The National Bureau of Asian Research），即發表一篇由Dr. Richard P. Suttmeier所撰寫，題為「China's Post-WTO Technology Policy: Standards, Software, and the Changing Nature of Techno-Nationalism」的研究報告，針對中國大陸科技民族主義的特質，以及科技政策的發展動向，提出深入的剖析，其要點如下：

第一，近年以來，中共當局運用行政資源的優勢、市場規模的成長、法規體系的建立，以及科技研發能力強化等條件，積極地從事於建構屬於中國的科技產品規格和標準。而這種發展趨勢，也已經引起西方主要國家的重視，尤其是生產資訊產品、無線通訊產品，以及電腦應用軟體的跨國企業，對於中國大陸興起的「科技民族主義」力量，以及其所將帶來的影響和衝擊，更是不敢掉以輕心。目前，有不少西方國家對於中共主導的科技產品規格標準設訂政策，均提出是否有違「世貿組織」規範的質疑，但是，倘若中共當局所祭出的科技規格標準設訂政策，是以結合全球化趨勢，並以強化中國大陸的科技產品，並且能夠在全球主要市場上競爭的策略，則西方的跨國企業就必須要採取更有彈性的因應策略，才可能成為真正的贏家。

第二：中國大陸的科技主管部門、科研單位，以及國有企業的負責人普遍認為，多數科技產品的規格與標準，大多是由跨國企業所設訂，同時，這些企業運用「智慧財產權」的保護，以及專利權的支持，向中國企業所生產出售的商品，收取高額的權利金，例如，在中國大陸生產製造的個人電腦，其生產成本中有百分之五十至七十，是用來支付微軟公司和英特爾公司的權利金。換言之，中國大陸的資訊業、通訊業，以及電腦應用軟體業，都必須向主導產品規格和標準的西方跨國企業，支付變相的租稅。因此，中共當局認為，唯有發展自主性的產品規格與標準，並運用市場規模的力量和產品在國內及國際上的競爭力，才能打破這種向西方跨國企業繳納稅金的格局，也才能夠真正享受到發展科技的經濟效益。

第三：整體而言，中國大陸在無線通訊產業和電腦應用軟體產業，都具有發展自主性規格與標準的優勢條件。目前，中共當局尚未簽署ＷＴＯ的政府採購協定。因此，中共的政府部門在採購無線通訊產品設備、電腦應用軟體開發，以及資訊設備和產品時，可以藉由標準規格的基本要求，來引導符合中國政府部門所發展的科技規格與標準。此外，由於中國大陸的產品消費能力及市場的潛力，將為中共當局這種引導規格標準的策略，創造有利的運作條件與操作空間。

第四：中國大陸科技發展政策，朝向建立自主性規格標準的趨勢，對於積極佈局中國大陸市場的跨國企業而言，已經形成一種前所未見的挑戰。目前，西方的跨國企業之間，為爭取在中國大陸市場的佔有率和競爭優勢，就必須慎重地考慮，是否要配合中共當局的「科技民族主義」措施，進而接受中共方面所提出的科技產品規格和標準。因為，跨國企業在無線通訊、電腦應用軟體，以及資訊產品等產業，若無法在中國大陸生存，其結果也勢必會嚴重影響其在世界上主要市場的發展機會。

第五：雖然中國大陸的科技民族主義與ＷＴＯ的開放市場精神不符，但是跨國企業仍然對這股科技民族主義的能力、態度，以及未來的影響和衝擊，保持高度的關切。同時，中國大陸的科技主管部門，更有意採取彈性的策略，運用策略聯盟的方式，讓中國科技產品的規格標準與世界性的規格標準相容，進而使中國的科技產品，也能夠透過策略聯盟的合作平台，向全世界的市場進軍。

備忘錄 一六三

中國大陸企業領袖的政治角色

時間：二〇〇四年六月十八日

中國大陸在二〇〇三年的國民生產毛額（ＧＤＰ），已經達到一兆四千億美元的水準，其雖然還不到全球生產毛額的百分之四，但卻是全球經濟成長的主要驅動力。隨著中國大陸在二〇〇一年底，加入世界貿易組織後，中國大陸經濟國際化即面臨新的挑戰；長期以來享有審批權的政府官員，在中共當局逐步推動市場自由化措施，以加速吸收外資技術，並推動與全球經濟接軌的政策下，也已經成為必須面對改革的既得利益者。朱鎔基在擔任總理時，積極推動加入ＷＴＯ，即是企圖運用國際經濟體系的壓力，打破政府官僚的阻礙，促進大陸的經濟體系與全球接軌。同時，在經濟國際化的大趨勢中，中國大陸的企業領袖也逐漸地在國際經濟舞台上，取得了一席之地，並日益發揮顯著的影響力。今年六月中旬，美國華府重要智庫「布魯金斯研究所」（The Brookings Institution），即在發表的「東北亞形勢評估報告」（Northeast Asia Survey 2003-2004）中，由前美國在台協會理事主席卜睿哲博士，親自撰寫一份題為「China's Business Leaders: Assuming a Political Role?」的專論，深入剖析中國大陸的企業領袖，在經濟發展的大趨勢中，是否已經獲得在政治上的權力和地位？現謹將專論內容以要點分述如下：

第一：二〇〇一年七月，中共總書記江澤民，在中共中央黨校發表演講指出，中共中央準備規劃讓企業家成為共產黨的黨員。這項聲明若從共產黨教條的角度觀之，等於是推翻了社會主義的價值體系，並且顛覆了工農兵專政的共產黨權力基礎。不過，隨著中國大陸所推動的經濟改革開放政策，以及市場經濟的浪潮幾乎淹蓋了中國大陸東南沿海地區的客觀形勢，中國共產黨也瞭解到，其為了繼續鞏固統治中國的權力基礎，就必須要把企業主和企業領袖，納入共產黨的權力結構中，以避免挑戰共產黨一黨專政的新興社會力量出現。隨後，中國大陸最大的家電生產公司—海爾集團的董事長，憑著其每年創造一百億美元的營業額，和產品行銷世界一百六十幾個國家的經濟實力，正式在二〇〇二年十一月中共十六大會上，當選成為中共中央委員。

第二：根據中國大陸的統計調查機構，在二〇〇三年十一月發佈的一份調查報告數據顯示，在中國大陸營運的私人企業，從一九九三年的二十三萬八千家，到二〇〇三年已經增加為二百四十三萬五千家之多。另根據二〇〇一年的一項統計數字顯示，受雇於私人企業的人員，則超過了七千三百萬人以上。中國共產黨在面對大陸社會經濟結構的快速變遷，也相應地祭出吸納新興企業領袖力量的策略措施。江澤民在二〇〇一年七月，公開表示將吸收企業主入黨的態度後，到了二〇〇二年，全中國大陸已經有超過九千位私營企業主和經營管理階層的人員，當選縣級以上的人代會委員；另外有超過三萬二千名的企業主和經營管理幹部，當選成為縣級以上的政協委員。到了二〇〇三年的三月份，計有五十五位企業領袖當選全國人大委員，另有六十五位企業領袖獲選成為全國政協委員。

第三：雖然西方的觀察人士普遍都希望，中國大陸的企業領袖，在進入政治性的領導結構之後，能夠進一步促成公民社會的實現；或者，逐漸地改變中國共產黨一黨專政的本質。此外，西方觀察人士並認為，鄧小平在一九七八年推動經濟改革開放政策時即強調，今後共產黨的統治基礎，將是建立在經濟成長的效率與貢獻之上；因此，企業領袖勢必將在經濟成長的過程中，扮演吃重的角色，並逐漸進入共產黨領導的權力核心。不過，經過將近三十年的發展過程，吾人瞭解到，中國大陸的企業領袖，其在政治舞台的影響力和其所能夠扮演的角色，仍然遠遠低於西方觀察人士原先的預期。

第四：目前，在中國大陸內部大多數的企業領袖，都傾向於運用間接的方式，來發揮自己的影響力，並且仍然以如何保障自己本身的企業利益為最主要的考量。對於整體政治經濟權力結構的改革，企業領袖們普遍傾向於接受由上而下，漸進式的改革措施；同時，企業領袖一致認為「穩定壓倒一切」，他們並不樂見改革的措施，造成社會結構的巨大變動，進而嚴重影響到經濟活動的進行。換言之，中國大陸的企業領袖、政府部門的官員，以及中國大陸的黨國結構，基本上，仍然是屬於利益高度一致的共同體。此外，多數的企業領袖仍然認為，運用直接挑戰或衝撞的方式，試圖改變政府部門的政策方向，還不如採取軟性、或者比較腐敗的手段，

備忘錄一六四

消失的台商與「經濟一中」

時間：二〇〇四年六月二十五日

六月二十五日，行政院長游錫堃公開表示，政府將於一個月內，提出「台商回台上市方案」，以吸引台商根留台灣；隨後，前行政院副院長林信義則指出，對於台灣的晶圓廠西進需求，政府「早就該放幾隻老虎到大陸叢林裡，去咬破壞價格的猴子」；與此同時，經濟部次長施顏祥宣佈，政府將開放半導體封裝測試和小尺吋面板業，到大陸投資設廠生產。然而，強烈反對產業西進的人士和台聯黨的立委卻認為，面板是台灣未來的明星產業，不宜開放西進，此外，其更進一步強調，「中國對台灣已一步一步以商逼政了，過度開放去中國投資，經濟依賴中國時，中國會掐住台灣的脖子，而經濟部送台灣肉飼中國虎，對台灣來講是死路一條」。

近日以來，大陸內部的涉台事務部門和政策研究機構，在經過「溫氏效應」、「五一七聲明」的和戰抉擇衝擊，以及「經濟制裁綠色台商」等事件後，已逐漸歸納出結論認為：在政治上，「一個中國」目標依舊遙不可及，但兩岸經濟往來日益密切，有可能創造出經濟上的「一個中國」；甚至有研究人士主張建構「兩岸自由貿易協定」，利用經濟來促統；另外，也有學者建議運用「中華元」的概念，統一兩岸四地的金融機制，或者，由大陸當局規定兩岸經貿交

備忘錄一六五

美「中」貿易互動的形勢變化

時間：二〇〇四年七月九日

七月八日，美國財政部長史諾表示，預定在今年十月初舉行的七大工業國財金首長會議，將邀請中共當局人士參加，因為經濟過熱的中國大陸一旦失控，將會衝擊全球經濟，而且會在能源供需、材料價格形成方面，造成不容輕忽的影響，並可能使全球擺脫通貨膨脹的美夢破碎。二〇〇三年，中國大陸的國民生產毛額（ＧＤＰ），僅次於美國、日本、德國、英國、法國，居全球等六位；去年中國大陸的經濟成長率達到百分之九；今年第一季也成長了百分之九點七。根據世界貿易組織公佈的全球貿易統計資料顯示，二〇〇三年中國大陸商品的出口貿易總額達到四千五百八十四億美元，超過法國及英國，屆世界第四位；同年的進口貿易總額達到四千一百二十八億美元，僅次於美國和德國，排名第三。整體而言，中國大陸的經濟發展與進出口貿易成長，在近幾年來，已經出現巨大的變化。目前中國大陸不僅是實力強大的出口國，其同時也是重要的產品消費者；因此，一個越來越開放的大陸經貿體系，將是促進大陸地區都市化，以及增加世界主要國家經濟成長和就業機會的來源。今年七月四日，美國紐約時報週刊，即以一篇題為「The Chinese Century」的專題報導，剖析中國大陸經貿發展的形勢；另由華府智庫「戰略與國際研究中心」與麻省理工學院聯合出版的「華盛頓季刊」（The Washington Quarterly），亦針對美「中」的貿易互動形勢變化，提出一篇題為「Practical Engagement: Drawing a Fine Line for US-China Trade」的專論。現謹將兩篇分析的要點分述如下：

第一：美國與中國大陸的經貿互動，在本質上與日本間的互動有很大的差別。過去的十年間，中國大陸總共創造出一億個工作機會，而其不僅能夠成為生產成本低廉的製造工廠，同時，中國大陸所創造的生意機會和消費能力，以及連帶產生的投資環境，甚至於產品規格與流行趨勢，都足以影響到美國經濟體與跨國企業的運作。例如美商摩托羅拉公司，在面對中國大陸擁有三億個手機用戶的市場，而且每年還以五百萬戶的速度成長的商業機會，讓摩托羅拉公司不僅把中國大陸的手機市場，定位為最先進的地區，同時也是終端產品和生產設備設計製造的核心重鎮。目前摩托羅拉公司在中國大陸推出的最新型手機款式高達八百種，而且在投資方面估計到二〇〇六年時，將達到一百億美元的水準，同時，並準備把中國大陸生產基地提升為全球市場的供應中心，讓美國的消費者省下鉅額的生活費，並降底通貨膨脹率。

第二：由於中國大陸的經濟規模越來越龐大，而且其與世界主要市場之間的互動與貿易額也明顯擴增。尤其是美國與中國大陸間，在貿易、投資，以及技術交流等層面上，也將出現結構性的轉變。目前在美國的智庫學界已經熱烈討論的重要議題包括：（一）美國對中國大陸的貿易與投資，以及輸出的關鍵技術，是否已經為中國大陸經濟和軍事能力的成長，造成前所未見的影響？（二）如果這些關鍵性的技術與影響因素確實存在，那麼美國應該採取何種措施，以有效限制中共取得這些關鍵性的技術和資源？（三）如何規劃一套美國對中國大陸的經貿投資政策，一方面能讓美國的安全獲得確保，另一方面又可積極促進中國大陸的成長朝向有利於美國的方向發展？換言之，美國在面對中國大陸經貿能量的質變，亦積極認真的思考規劃，如何使雙方的貿易投資互動關係，導向對美國整體利益有幫助的軌道前進。

第三：目前美國的科技業者和生產科技產品的跨國企業，都共同面臨在中國大陸市場競爭力受到嚴重限制的難題。由於美國政府和國會議員唯恐美國的軍事用途科技，隨著民用技術的轉移或商售，讓中共軍方取得先進的技術，進而推出優勢的軍事裝備和武器，並威脅到美國的軍事超強地位及美軍的安全。但是，美國的科技業者認為，就多數的科技產品和技術而言，中國大陸現行的獲取管道已經多元化，美國政府的科技產品貿易管制政策，確實已經不符合實際的狀況，甚至嚴重地傷害美國的科技業者在大陸市場的競爭力。現階段，美國的科技業者已經結合智庫學界，重新思考一套即可進入中國大陸市場發展，又可以同時提升美國科技業者研發技術水準的雙贏策略。此外，美國政府與科技業者也開始正視一項新的現實，也就是當歐盟、日本，以及俄羅斯等科技先進國家，不願意配合美國對中國大陸的科技貿易管制政策時，美國想要獨自執行這項措施，其效果勢必會大打折扣。因此，美國與中國大陸的貿易互動，將隨著雙方貿易項目的多元化，而進入一個新的境界。換言之，美國的科技業者將會在大陸市場展開

備忘錄 一六六

台海軍力動態平衡的形勢變化

時間：二〇〇四年七月十日

七月九日，大陸國家主席胡錦濤在北京，接見了美國總統的國家安全顧問萊斯女士。胡錦濤對萊斯表達了北京對台獨的嚴重關切，並要求美國不要向台獨發出錯誤訊號，而萊斯則對胡錦濤表示，美國不會支持台獨，但美國也拒絕停止對台軍售。隨後，香港的「商報」在一篇專題報導中指出，中共軍方正加緊實施未來十年的戰略任務訓練－控制海岸線五百海浬內的絕對控制權，以保衛沿海經濟圈；中共海軍在北海、東海、南海三大艦隊聯合演訓結束後，近日又展開「超強度」遠程操練，以箝制美國航空母艦介入台海情勢的狀況。整體而言，中共的軍力隨著經濟實力的提升，以及國際環境的改變，將會具體朝高技術局部戰爭能力增強的方向，展開新一輪的部署。目前有不少美國華府智庫界人士認為，中共軍力的發展對於美軍在西太平洋地區，尤其是台灣海峽的軍事應變計劃而言，勢必會造成結構性的衝擊，甚至可能為美國對台海兩岸政策的重大轉變，提供關鍵性的刺激因素。今年六月下旬，美國國會「美中經濟與安全評估委員會」（US-China Economic and Security Review Commission），所發表的二〇〇四年評估報告，以及華府智庫「Carnegie Endowment for International Peace」，提出由史文博士（Dr.

Michael D. Swaine）所撰寫的「Deterring Conflict in the Taiwan Strait: The Successes and Failures of Taiwan's Reform Modernization Program」，分別針對台海兩岸軍力的發展，進行深入的剖析，其要點如下述：

第一：最近幾年以來，中共軍方積極地運用軍購、滲透吸收，以及技術交流合作等方式，從俄羅斯、歐美國家和以色列等國，引進多項先進的軍事技術與裝備，而其目的不僅在於更換老舊落後的設備和武器；同時，共軍亦注重發展「不對稱作戰」的能力，以期在台海地區嚇阻美軍行動時，能發揮真正的效果。雖然，共軍在提升其高技術作戰能力的規劃與執行過程中，碰到明顯的結構性瓶頸，例如在研發雷射導引炸彈、電子戰反制設備、資訊作戰平台和電腦病毒、反衛星武器、高能微波武器、衛星偵察能力、高速通訊能力、潛射彈導飛彈打擊能力、先進戰機引擎、潛艦和水面作戰軍艦等，都面臨相當程度的技術關卡。但是，中共軍方正企圖積極排除美國及歐盟的軍事技術禁運限制，加速提升其執行在台海地區「高技術條件下局部戰爭」的能力。

第二：中共軍方已經下定決心，集中資源以加速發展「高技術條件下局部戰爭」的作戰能力。在這項戰略思維的指導下，共軍強調「首戰即決戰」的概念，並積極發展「以弱勝強、以小博大」的戰略戰術，以期能夠有效延阻美軍介入台海戰事，讓中共能夠遂行其解決台灣問題的政治目標。此外，共軍在空軍戰力的發展上，其已經先後自俄羅斯引進二百七十架左右的蘇愷二十七戰機和八十架左右的蘇愷三十戰機；另外，中共空軍自行研發製造的殲十型戰機，也已經開始在四川成都的飛機工廠量產。整體而言，中共空軍的戰力發展將會在台海制空權的爭奪上，造成新一輪的衝擊與競賽。

第三：台灣在面對日益強大的中共軍力威脅，亦積極地從事於國防建設的改革與強化措施，尤其是在提昇與美國軍方的交流合作項目上，已經展現出相當的成效。不過，台灣方面想要維持台海間的動態軍力平衡，並使其不致快速地向中共方面傾斜，就必須要做到下列的條件：（一）高層的政治領導人必須要有團結合作的決心與能力，勇於面對軍事事務革新的挑戰與障礙，並提出有效克服困難的解決問題方案，而且還能展現出執行的決心與效率；（二）執政團隊與社會精英都必須對中共軍力的明顯強化，有更深一層的正確認知，並且能夠研究出一套有效的因應策略；（三）政治精英與軍方的領導階層必須對何謂「最佳的國防戰略」，取得高度一致的共識，同時並願意以此為基礎，共同努力建構達成此國防戰略目標的兵力結構；（四）針對台美之間的軍事交流合作關係，雙方能夠就有關核心的戰略思維、具體可操作的目標，以及雙方合作嚇阻與防衛的內涵，進行更深入的探討，以尋求雙方之間更具有建設性的合作與互動。

第四：整體而言，台海間軍力的動態平衡，並不能單從軍事的角度來觀察與思考。就美國的角度觀之，台美軍事合作的目標除了維持台海軍力的動態平衡之外，更重要的目的則是在強化台北與北京進行建設性對話的信心。換言之，台北方面想單單靠強化國防武力來維持對中共的有效嚇阻，是不切實際的想法。長期而言，台灣的安全和台海地區的和平與穩定，必須要同時運用有效的軍事嚇阻能力和有效的外交運作能力，才能夠繼續維持有效的動態平衡。

備忘錄一六七

美國對台海兩岸政策的動向

時間：二〇〇四年七月十一日

七月十日，美國華盛頓郵報在專題報導中指出，美國國家安全顧問萊斯在北京的訪問期間，曾經拒絕中共要求停止對台軍售；同時，萊斯還向中共高層傳達美國總統布希的口信，表示美國願意協助台海兩岸建立對話管道；此外，萊斯重申美國的台海政策立場，即不支持台灣獨立，也反對兩岸任何一方採取單方面改變現狀的言詞和行動。

現階段，布希政府認為陳水扁政府，是屬於基礎不穩的弱勢政府。因此，其有必要加強與北京政府，進行更具建設性的合作互動，以維持美國在亞太地區的利益。尤其是今年年底的立委選舉，勢必將會成為藍綠兩軍再度交鋒的時刻，而台灣的政治社會也將會嚴重的撕裂。美方認為，這種日益惡化的台灣政局，亟可能會導致台海形勢的動盪，並迫使美國必須要付出更高的成本，才可能繼續維持台海地區的和平與穩定。

整體而言，美國以「台灣關係法」保障台海地區的和平與穩定，其真正用意是維護台灣的民主社會，並避免台灣成為第二個香港。然而，目前台灣的民主政治發展，已經出現了結構性的轉變；台灣人民要求擁有政治自主性的聲音，成為相當明顯而強勁的力量；這股政治力量對於台海形勢的發展，勢將會帶來重大的衝擊，並迫使北京當局調整發展戰略的優先次序，把處理台灣問題列在議事的日程表上。據瞭解，由於「兩岸三邊」的局勢日益的複雜嚴峻，中共的領導高層將恢復原本已經取消的「北戴河會議」，針對台海議題進行深度的討論，並提出具體的政策指導方案。

目前，美方積極地把其對台海政策的主軸，定位在「三公報一法」的框架之中，以避免台北、北京和華府內部的鷹派人士，企圖在台海局勢可能出現重大變局之際，做出任何單方面改變現狀的行為；同時，美方也有意營造兩岸恢復建設性對話的氣氛，為布希總統的連任，塑造「和平締造者」的加分效果。換言之，美國國家安全顧問萊斯訪問北京，與新加坡副總理李顯龍訪問台北，兩者之間已經形成一種微妙的關聯性，其後續的發展殊值關注。

備忘錄一六八

美國與中共互動關係的「台灣因素」

時間：二〇〇四年七月二十二日

七月二十一日，美軍太平洋總部司令法戈到北京參加美「中」防止大量毀滅性武器擴散會議，並向中共高層表示，美國政府的對台政策沒有任何改變。法戈強調，台海安全對東亞地區的和平與穩定尤其重要。與此同時，中共外交部長李肇星及共軍總參謀長梁光烈，先後在會見法戈時指出，中共希望美方認清台灣局勢的嚴重性和敏感性，停止對台出售先進武器，並且要瞭解台灣問題是中共最核心的利益問題。在此之前，胡錦濤與江澤民亦曾經向美國的國家安全顧問萊斯表示，台灣問題關係到中國的主權和領土完整，關係到中華民族的根本利益，美方經常發出一些自相矛盾的信號，給台灣分裂勢力可乘之機，照這樣發展下去，不排除陳水扁當局鋌而走險，製造台獨重大事件。換言之，中共當局認為，現階段美中台三邊關係的天平，美國已經趨向靠近台灣的一邊。今年七月中旬，美國外交關係協會出版的「外交事務雙月刊」（Foreign Affairs），曾經發表一篇由該期刊主編賀奇（James F. Hoge, Jr.）所撰寫的專文，題為「A Global Power Shift in the Making」，針對美國與中共互動的國際形勢背景，提出客觀的介紹。隨後，在七月二十日，美國華府智庫「戰略與國際研究中心」在夏威夷的附屬機構「太平洋論壇」（Pacific Forum CSIS），亦在其每季發行的「比較關係」電子報中，發表一篇由葛來儀（Bonnie S. Glaser）所撰寫的專文，題為「Anxiety About Taiwan Hits New Highs」針對現階段美國與中共互動關係的「台灣因素」，提出切中要害的剖析，現謹將兩篇專論的要點分述如下：

第一：整體而言，世界的權力正快速從西方轉向東方，而且也將戲劇性地出現各種挑戰，以及大幅度地改變各種因應挑戰的方式。目前，中國大陸是亞洲地區發展最快速的國家，其經濟規模將於二〇一〇年達到德國的兩倍，並且在二〇二〇年超越日本。其他的亞洲國家隨著中國大陸的經濟發展而同時受惠，並逐漸形成一個以中國大陸為核心的經貿網絡。日本夾在強大的中國大陸、核武的北韓，以及日趨不穩定的台海局勢中，亦開始思考有利於日本的軍事安全戰略。然而，從美國利益的觀點出發，美國即不願看到日本軍國主義復辟，更不希望日本與中共建立戰略聯盟關係。

第二：美國與中共的互動關係，已經明顯地朝向複雜而多元化的特質發展。同時，雙方間的合作性議題，包括經貿交流、共同執行反恐戰爭的安全合作、共同執行打擊販毒、走私，以及犯罪活動、共同防阻大量毀滅性武器擴散的合作等，都有日益強化的實質內涵。但是，中共方面對於布希政府憑藉其優勢的軍力，遂行其「單邊帝國主義」的政策，卻充滿疑懼與不安；同時，中共方面對於美國明顯增加支持台灣的動作，包括雙方的軍事合作等，隨時都保持高度的警戒。今年四月中旬，美國副總統錢尼赴北京訪問，美「中」雙方領導人會談的重點，即是有關陳水扁連任後，台海局勢的演變，以及美「中」雙方的政策立場和因應策略的底線。中共方面要求美國出面制止陳水扁的台獨路線，並嚴正地向美方表示，其將不惜以軍事手段粉碎台獨的決心；此外，中共更要求美方停止對台軍售，並中止台美間所有的軍事性交流活動。錢尼副總統則指出，美國的「一個中國政策」沒有改變，同時美國也不支持台灣獨立，更反對兩岸任何一方做出片面改變台海現狀的言行；不過，錢尼也強調，美國進行對台軍售是因應中共持續增加對台的軍事威脅力量，而美國也有義務保持台灣自我防衛的軍事能力。

第三：中共當局對於台灣內部政局的變化，以及台獨力量在台灣內部快速成長的形勢，已經顯現出相當程度的焦慮。但是，整體而言，北京的領導人普遍認為，以現階段美國與中共間多項建設性合作項目，正在蓬勃發展之際，北京與華府應該可以發展出共同利益的基礎，一起合作來限制台灣內部台獨勢力的發展，並阻止台海地區因台灣問題，而引爆軍事衝突。因此，在華府與北京共同達成的默契下，今年四月二十一日，美國的東亞事務助理國務卿凱利，在國會眾議院國際關係委員會作證時表示，美國希望陳水扁能夠在「公投制憲建國」的議題上自我克制，此外，其並明白地指出美國對於憲改議題的支持是有限度的，而台北當局不可以把美國的支持視為一張空白的支票，並據以抗拒台海兩岸之間的任何對話機會。

第四：儘管美國與中共在共同阻止「公投制憲建國」的台獨路線上，曾經達成合作的默契。但是美國仍然對台北的國際生存空間議題，提供相當具體而明顯的支持措施。與此同時，華府與北京的高層人士交流，包括美國的財政部長、商務部長、勞工部長、貿易代表、聯邦調查局長等都曾經到北京進行訪問，並針對各項雙邊合作的議題進行建設性的對話，而這些活動中，台灣因素的影響似乎是越來越小了。

備忘錄一六九

兩岸關係的最新形勢

時間：二〇〇四年七月二十三日

七月二十二日，新加坡的海峽時報刊載美國華府「尼克森中心」主任藍普頓的專文指出，美國國家安全顧問萊斯最近訪問中國大陸，曾經與中共領導人就台海問題針鋒相對；但是在維持台海地區穩定方面，布希總統和萊斯同樣面臨來自五角大廈（美國國防部）的巨大阻礙。藍普頓強調，今年五月間國防部提報國會的「中共軍力評估報告」，支持台灣準備有效威脅中國大陸人口密集的都會區與高價值目標，例如三峽大霸，以嚇阻中共對台灣的武力威脅；但是，台灣對大陸發動攻擊，幾乎可以確定將導致台灣毀滅，而美國國防部支持一種誤導的戰略來發揮其影響力，是非常不負責任的做法，同時，其也在原已微妙的兩岸情勢上，裝上一觸即發的扳機。七月二十日，美國華府重要智庫「布魯金斯研究所」，出版一本由前國防部副助理部長坎伯（Kurt M. Campbell）等人所編撰的專書「核子臨界點」（The Nuclear Tipping Point）。在書中，前國防部中國台灣蒙古科科長米德偉（Derek J. Michell），針對兩岸互動關係的形勢中，核子武器所可能產生的衝擊與影響，提出深入的剖析；另「戰略與國際研究中心」設在夏威夷的附屬機構「太平洋論壇」（Pacific Forum CSIS），發行的「比較關係」電子季報，亦由前國務院中國科長布朗博士（Dr. David G. Brown），撰寫一篇題為「Deadlocked but Stable」的兩岸關係最新形勢剖析，此外，華府重要智庫「卡圖研究所」（Cato Institute）的副所長卡本特博士，在針對美國國會議員及助理的演講會中，發表題為「衝突之路？台灣與美中開戰的危險」的專論，也曾經對台海形勢的變化動向，提出深入的看法。現謹將三篇有關台海互動趨勢的專論要點分述如下：

第一：台灣目前並未發展核武，但是如果台灣當局在政治上有意願發展核武，不用太久就可以恢復研發。基本上，如果台海軍力失衡擴大，台灣覺得愈來愈無法抵禦中共的閃電攻擊或全面侵略，台灣可能把核武當作「殺手鐧」，以嚇阻中共；或者當台灣認為美國對台灣的支持減弱，台灣別無選擇，只好發展核武。換言之，堅強的美台軍事安全合作關係，一方面可以防範中共武力犯台，另一方面也可以約束台灣不要發展核武；但是，如果美國不能保證阻止中共對台入侵，而東亞地區制止核武擴散的機制又失控，同時，台灣內部的民族主義獨立意識又不斷高漲，則整個防止核武擴散的力量勢將受到嚴峻的挑戰。整體而言，台灣目前沒有研製核武，即使要發展也有很多障礙，然而，一旦美國的安全保障不可恃，台灣內部的民族主義又同時激化，屆時「台獨核武化」的狀況出現將不能排除。

第二：現階段，台海兩岸都試圖改變現狀，如果美國不改變策略，可能在未來幾年內就會被迫與中共開戰，並付出極高的代價。因此，美國有必要明確地告訴台灣，大國之間，不會為無涉關鍵利益的小國而戰；另美國從本身的利益著眼，也必須明確告訴北京，台灣是民主政體，美國不能對台灣施壓或告訴台灣怎麼做，同時，其也必須正告台灣，台灣的前途由台灣自己決定，要統一？要維持現狀？或要追求進一步獨立？都由台灣自己決定，但是，不論台灣做什麼決定，台灣自己都必須承擔因此決定而產生的風險與後果；此外，有不少人士認為，中共要辦二〇〇八年奧運會，所以不會在此之前對台動武。其實與統一中國相比，中共會不惜放棄奧運，因為台灣對中共而言，不僅涉及民族情感問題，而且還關係到國家安全的考量，絕對不會等閒視之。

第三：台海兩岸的互動形勢在陳水扁連任之後，又再度出現嚴峻的局面。陳水扁的「公投制憲」路線，以及要求中共接受無預設前題條件下，恢復兩岸對話與協商的主張，在中共提出「五一七聲明」後，顯然已經無法如願。與此同時，陳水扁在受制於美國與中共的壓力之下，很技巧地把「制憲」的主張，調整為「憲改」的立場，並強調其將按修憲的程序，推動憲政的改造。由於「憲改」的程序需要跨過極高的修憲門檻，以現階段台灣內部政治勢力光譜的分佈情形觀之，根本就是不可能的任務。因此，台灣內部積極主張制憲建國的台獨基本教義人士，對於陳水扁的立場調整表示高度不滿，並揚言將發動體制外的手段，來推動制憲建國的目標。同時，現階段處於執政地位的民進黨政府，亦積極地部署今年十二月的國會改選，並企圖拿下過半席位，展開全面性的執政措施。目前中共方面瞭解，要民進黨政府接受「一個中國原

備忘錄一七〇 **美國與中共對「台灣問題」的默契**

時間：二〇〇四年七月三十日

七月三十日，美國總統布希主動致電中共國家主席胡錦濤，重申美國的「一個中國政策」，並且明確地表示美國的兩岸政策沒有改變；同時，布希也對胡錦濤再度承諾，雙方在北韓核武議題的合作立場，並強調兩國關係的重要性。隨後，中共新華社在報導中指出，胡錦濤與布希的話題環繞在美國對台軍售的問題；胡錦濤向布希表示，當前台海局勢十分敏感複雜，而中共反對美國售台先進武器；此外，胡錦濤強調，「中」美雙方都應該反對台獨，堅決制止台獨分裂勢力的冒險活動。

整體而言，中共方面普遍認為，以現階段美國與中共間多項建設性合作項目，正在蓬勃發展之際，北京與華府應該可以發展出共同利益的基礎，一起合作來限制台灣內部台獨勢力的發展，並防範台海地區因台獨問題，而爆發軍事衝突。中共國家安全部研究員閻學通，在七月二十日出版的「中國戰略」中指出，如果「中」美雙方在台灣問題上都放棄模糊戰略，「中」美之間就有了合作的基礎；中國明確其武力必然用於遏制台灣獨立，統一仍為和平方式；美國明確其軍事介入只限於中國的武力統一，而台灣正式獨立美決不介入軍事衝突；這樣「中」美在台灣獨立問題上就有了戰略合作的共同點，即台灣正式獨立引發的戰爭將不是「中」美之間的戰爭，而只是大陸與台灣之間的戰爭；這一點足以保證台獨不敢正式獨立，從而避免了「中」美之間的戰爭危險。

對照閻學通的論述，布希政府的國家安全顧問萊斯，以及國務院的東亞事務助卿凱利，近日以來均公開的強調，美國支持台灣的民主，但美國不支持台灣獨立；此外，民主黨總統候選人凱瑞的國家安全核心智囊史坦伯格、李侃如，以及何漢理等人士，亦在近日的發言中強調，美國應在台海兩岸的政策上堅持「中共不武、台灣不獨」的原則，並逐漸地與北京發展出共同利益的基礎，以防範台獨問題成為引爆美「中」軍事衝突的「危險變數」。換言之，在今年十一月間，不論是由布希總統獲得連任，或者是由民主黨的凱瑞勝出，美國與中共對「台灣問題」的默契已經逐漸穩固。至於我國在兩岸關係的政策立場與定位，在此形勢中如何創機造勢，殊值深思。

備忘錄一七一

現階段中共對台海的策略動向

時間：二〇〇四年八月四日

八月三日，大陸國家主席胡錦濤在北京人民大會堂，會見美國參議院臨時議長史蒂文斯。據報導指出，胡錦濤向美方人士表達了對美國售台武器的不滿，並希望華府勿向台灣發出錯誤的信號；此外，胡錦濤還提議希望美國國會廢除「台灣關係法」。不過，史蒂文斯表示，「台灣關係法」是在北京自己也接受的一個中國政策下所制定的；美國一直遵循此政策；同時並反對台灣與大陸任何一方企圖以武力改變兩岸的現狀；此外，史蒂文斯強調，台美的軍事交流和美國對台軍售，是美國既定的政策立場，台灣在面對可能的武力威脅時，必須擁有足夠自衛的武器與能力。今年七月中旬，俄羅斯塔斯社報導，中共軍方將於七月間試射三枚彈導飛彈，包括射程達八千至一萬五千公里的東風三十一型洲際飛彈、射程達三千公里的東風二十一型中程飛彈，以及射程可達八千公里的巨浪二型潛射洲際彈導飛彈。從這次飛彈試射型號和動作來看，中共對美國的對台軍售和美台軍事合作關係的容忍度，已經達到臨界點。中共方面認為，外交抗議對美國根本沒有任何作用，因此，其必須透過東風三十一型和巨浪二型等洲際彈導飛彈的試射，來提醒美國，中共雖然在軍事實力上不如美國，但也有能力使用洲際飛彈攻擊美國本土，並不是一隻紙老虎。今年六月九日，華府智庫「卡內基國際和平研究所」，召集在華府的中國問題專家包括，史文博士、卜睿哲博士、容安瀾博士，以及葛來儀女士等，就陳水扁政府所面臨的各項挑戰，進行深度的座談研討；另史丹佛大學胡佛研究所在今年七月下旬，出版的「中國領導人觀察」（China Leadership Monitor），亦由蘇葆立先生（Robert L. Suettinger）發表一篇題為「Leadership Policy Toward Taiwan and the United States in the Wake of Chen Shui-bian's Reelection」的專論。兩份研究分析報告均對現階段中共對台美的策略動向，進行深入的探討，其要點如下述：

第一：現階段中共對台美的策略，正在中共領導階層內部進行激烈的辯論，而且將在美國總統大選和台灣年底的立委選舉結果出爐後，才會有明確的定調。不過，以整體辯論內容的趨勢觀之，目前中共的對台策略傾向於採取較強硬的態度，一方面刻意打亂陳水扁的政策平衡感，另一方面則是堅決地嚇阻台獨勢力的擴張，同時並企圖掌握兩岸互動的議程主導地位。值得注意的是，中共領導層運用「五一七聲明」，刻意向台灣及美國揭示出，中共方面對台海形勢的認知、判斷，以及發展方向的建議；同時，其也透過此聲明，透露中共對台政策的底線。此外，中共方面提出「兩岸建立軍事互信機制」的訊息，即是針對台美軍事交流與美國對台軍售問題等的策略運用。目前美國方面對於中共方面所提出的建議，已經表現出高度的興趣，並有意進一步瞭解中共方面，對於建構兩岸軍事互信機制的具體態度與思維。畢竟，中共當局對台政策的「和、戰」動向，對於美國在西太平洋的整體利益，具有既深且廣的影響。因此，美國必須密切地掌握瞭解中共對台美策略的最新動向。

第二：陳水扁就職之後，中共方面普遍表示，未來四年對陳水扁已不再信任，但只要台灣不執意跨越「紅線」，軍事衝突的可能性就不至於升高，而這道「紅線」就是台灣宣佈獨立，或修憲變更領土範圍，實現「法理上的台獨」。換言之，現階段中共對台美策略的內涵中，雖然傾向強硬，但仍然有一些模糊的操作空間存在，而其中的特徵如下：（一）中共領導人對於台灣問題的態度，普遍顯露出「寧左勿右」的態度，並不願意也沒有興趣表現出「有彈性」的立場。此外，由於「台灣獨立」將直接挑戰中國的主權統一和國家尊嚴，以及共產黨的領導權威，因此，沒有任何一位領導人會對此議題表現出軟弱或妥協的態度；（二）大陸民眾對於「台灣獨立」的議題，透過網際網路的傳播，已經越來越重視，同時也反映出強烈的民族主義情緒，而且在網路上所展現的意見，普遍都主張要用強硬的手段來嚇阻台獨；（三）在中共的官僚體系中，共軍的力量與意見仍深具影響力。對於共軍而言，對台獨採取強硬的政策立場，甚至不惜以武力手段粉碎台獨，其不但可以藉此而爭取到豐厚的資源與預算分配，同時也可以提升共軍的地位與影響力，可謂一舉數得；（四）從中共高層權力鬥爭的角度觀之，胡溫體制與軍委會主席江澤民之間，就有關處理台獨問題的政策立場與態度，似乎看不出差別性。因為在中共的權力結構中，政策路線的競爭就等同於政治派系的權力角逐。目前針對「台灣問題」

備忘錄一七二

溫家寶總理的總體經濟政策

時間：二〇〇四年八月十日

今年八月上旬，大陸總理溫家寶在四川考察時表示，加強和改善宏觀調控，是當前大陸經濟工作的重點；中共中央將要求各地區及部門，切實把經濟發展的著力點放在調整結構、深化改革和轉變經濟增長方式上，保持經濟平穩較快發展，全面實現今年的各項預期目標。此外，溫家寶對下半年的經濟工作，提出五點要求包括：（一）切實加強農業，實現糧食增產和農民增收；（二）繼續抑制投資過快增長，進一步優化投資結構，合理控制貨幣信貸總量，繼續嚴格控制建設用地，抓緊研究制定加強土地管理的新辦法，建立抑制盲目濫佔耕地的有效機制；（三）加強經濟運行調節，努力緩解煤電油運緊張狀況；（四）繼續推進經濟體制改革，深化國有企業改革，促進非公有制經濟發展；（五）努力維護社會穩定。近來國際市場上石油價格不斷攀升，八月九日紐約商品交易所八月份交貨的原油價格仍然維持在每桶四十三美元左右的高價。對於每年需要進口一億噸石油的中國大陸而言，勢必將造成明顯的進口支出，以及節節升高的生產成本，並對「經濟宏觀調控」是否能夠實現「軟著陸」，增添了更多的風險與不確定性。今年七月下旬，美國史丹佛大學胡佛研究所出版的「中國領導人觀察」（China

Leadership Monitor, Summer 2004），即發表一篇由諾頓博士（Barry Naughton）所研撰，題為「Hunkering Down: The Wen Jiabao Administration and Macroeconomic Recontrol」的專論，針對溫家寶政府的總體宏觀調控執行情形，提出深入的剖析，其要點如下：

第一：今年四月二十六日，中共中央政治局會議決議強化總體經濟的「宏觀調控」政策。隨後，國務院的發展與改革委員會，即公佈具體的措施，而其主要目的在於抑制經濟「過熱」，並藉政策的運作調整產業結構，達到「軟著陸」的目標，其內容包括：（一）調整擴張性財政政策，採取適度從緊的貨幣政策；（二）運用金融政策，針對特定過熱產業進行風險管理；（三）採用行政手段抑制盲目投資；（四）整頓土地市場，防範泡沫經濟出現；（五）整治經濟發展出現過熱的重點地區，例如上海、江蘇、浙江等；（六）「防熱」與「治冷」並重，避免產業結構失衡擴大，以及防範出現經濟嚴重衰退。整體而言，溫家寶政府所推行的經濟「宏觀調控」政策，其成敗與否主要是以最終實現「硬著陸」或「軟著陸」作為檢驗的指標。根據「亞洲開發銀行」的資料，如果大陸經濟成長率低於百分之七，並出現通貨緊縮和進出口成長率低於百分之十，即是「硬著陸」；如果經濟成長率維持百分之七點五至百分之八點五之間，通貨膨脹率維持在百分之三左右，而進出口的成長率仍然保持兩位數，即表示「宏觀調控」達成了「軟著陸」的目標。

第二：溫家寶政府所推行的「宏觀調控」經濟政策，整體而言，仍然反映出中共政權「政治經濟循環」的特殊生態。當二〇〇二年溫家寶政府接替朱鎔基政府時，其提出二十四個字的施政綱領，並強調適度寬鬆，鼓勵地方投資創匯的措施。隨著地方投資過熱的情勢日益明顯，外資的湧入更形成通貨膨脹及人民幣升值的壓力。溫家寶政府為期能夠抑制經濟過熱、地方政府的盲目投資和重複投資浪費，以及經濟生產效益偏低的不正常現象，堅決地透過國務院的機制，包括發展與改革委員會、中國人民銀行、中國證券管理委員會、國務院經濟貿易委員會、財政部，以及商務部等，推動總體經濟緊縮的措施，以期能夠抑制經濟過熱現象。

第三：溫家寶政府的總體經濟政策雖然是以「軟著陸」為目標，但是，其所面臨的挑戰卻比過去幾次的「宏觀調控」嚴峻。首先，這次的緊縮措施推出顯得有些唐突，導致社會大眾直接受到經濟緊縮的衝擊，並增加了「硬著陸」的風險；（二）中國大陸的經濟結構在經過二十多年的市場化洗禮之下，已經成長出相當不同的風貌，這種具有市場經濟特性的結構，冒然地運用行政手段干預，造成經濟增長計劃中斷，或者發展計劃臨時喊停，其間所造成的損失與影響，已經不是中央級的政治人物或官僚們所能夠理解，因為，地方官員與私營經濟的複雜關係，已經綿密到不是一紙命令就可以達到「宏觀調控」的結果。換言之，如果過度的扭曲市場經濟的機制與秩序，其最終恐怕將難逃失敗的命運。

第四：綜觀溫家寶政府的總體經濟政策，其仍然面臨具體而明顯的困境有待突破與解決，其中包括：（一）戲劇性的削減投資很可能會造成資源的嚴重浪費，並直接衝擊到民生經濟，導致經濟發展的「硬著陸」；（二）經濟緊縮政策造成企業呆帳和壞帳巨幅增加，並進一步導致金融體系崩潰的風險；（三）中央銀行在金融政策上無法有效調節資金的供需，導致經濟體系中資金使用效率的嚴重萎縮，甚至整體調控機制的失衡。目前中國大陸的經濟成長仍然非常的快速，溫家寶政府的總體經濟政策雖然有意將其降溫，以保持穩健的成長步調，但是，「宏觀調控」措施到底是過重或者不足，其效果和風險，仍然具有高度的不確定性。

備忘錄一七三

台獨核武化與台美軍售動向

時間：二〇〇四年八月十四日

八月十三日，經常扮演民進黨政策風向球的英文台北時報（Taipei Times），透過社論公開主張，台灣需要發展核子武器的嚇阻能力，並以攻擊中國大陸十大主要城市和三峽大壩等目標，做為反制中共對台日漸明顯的軍事威脅；此外，台北時報並強調，台灣擁有核子武器後，將會迫使中共方面不敢輕易的興起，用軍事手段解決台灣問題的念頭，而且，發展核武導彈所需要的經費比購買潛艦、愛國者飛彈的支出還要低，其所能夠發揮的嚇阻效用，卻相對較高，顯然是一項值得投資的戰略性武器。

自從今年七月下旬，美國華府智庫「布魯金斯研究所」，在新出版的專書「核子臨界點」中，披露台灣可能選擇發展核武的議題後，台北、北京、華府、東京等智庫界和情報界的人士，紛紛以頭等大事的審慎態度，密切地觀察瞭解這項議題的最新動向，並著手進行各種戰略性的沙盤推演，以及預擬相關的因應對策。目前民進黨內部的主流意見與思維，正如同英文台北時報社論中所揭示的主張，強調台灣擁有核子武器，將可以創造與美國、日本，以及中共，就有關維持台灣政治自主地位的談判籌碼，同時也可以在台美軍售關係上，為台灣爭取到更有利的戰略位置。

整體而言，目前中共內部的對台政策動向，明顯地展現出「趨硬」的氣氛，同時並著手準備以軍事手段解決台灣問題的各項工作；美國方面曾經積極地與北京進行溝通，但是所獲有限，因為中共方面普遍認為，華府對台北當局的控制能力已經大不如前，必須靠北京自己的策略手段，來處理台獨份子；然而，台北的執政當局為了鞏固台獨基本教義派的政治基礎，並企圖把握二〇〇四—〇五年的美國政策調整期，以及二〇〇七—〇八年中國大陸政策調整期的「混亂時機」，似乎已經下定決心要朝「公投制憲、正名建國」的方向挺進，同時，更準備以「核武」做為台獨建國的軍事後盾。

現階段，美國方面似乎已經察覺到「台獨核武化」的嚴肅性和風險，並企圖以「出售神盾艦」的風向球，做為測試台北、北京態度的工具，以及轉移民進黨人士規劃「發展核武」焦點的措施，其具體的效果如何，殊值密切關注。

備忘錄一七四

民進黨操作「兩岸三邊牌」的策略思維

時間：二〇〇四年八月二十三日

八月二十二日，游錫堃在紐約表示，中共海測船頻繁接近日本海域，意圖突破西太平洋上日本、琉球、台灣、菲律賓等島弧組成的封鎖線，目的是「要來西太平洋和美國對幹」；同時，游並強調，台灣應和美國加強在經貿安全、國防安全上的合作；此外，游錫堃還呼籲在美僑民應以各種力量，促進美國與台灣簽訂自由貿易協定和軍售，避免台灣被邊緣化。

綜觀游錫堃的發言要旨，其訴求的重點有三：第一，台灣與中國互不隸屬，是國與國的關係，同時中國對台灣有領土併吞的野心，一旦台灣成為中國的一部份，其將構成美國在西太平洋地區利益的嚴重損失，因此，台灣政府決心站在美國這邊，以防堵中國勢力的擴張；第二，台灣不僅在軍事戰略上選擇站在美國這邊，同時也希望在經貿合作上，選擇與美國結合建構自由貿易區，以避免在經貿領域中，成為中國的附庸或被邊緣化；第三，台灣有意在美國與中國競逐利益的格局中，選擇完全靠在美國的陣營，成為美國的軍事安全及經貿互動夥伴，並願意為美國分擔維持西太平洋戰略利益的責任。

基本上，民進黨的核心策士認為，美國對華的政策思維中，仍然傾向於希望台海兩岸繼續對峙，而台灣選擇靠向美國，對美國在西太平洋的戰略佈局有利；因此，只要民進黨政府不斷地強調，台灣最佳的戰略位置是選擇完全加入美國的陣營，以爭取美國的信任與保護，反而可以取得更豐富的籌碼，以繼續與中國週旋；與此同時，在台灣內部的政治競爭格局中，在野黨的議題操作空間，也將會隨著民進黨挾美國自重，以直接面對中國的佈局，而日形的萎縮。

日前，民進黨的機關報「英文台北時報」，公開以社論主張台灣發展核武的必要性。隨後，媒體即披露出美國有意在明年宣佈出售「神盾艦」給台灣。由於神盾艦的出售具有台美軍事同盟的實質意義，而此也正是民進黨操作「兩岸三邊牌」中，聲東擊西的階段性目標。

備忘錄一七五

陳水扁政府在醞釀台海危機嗎?

時間：二〇〇四年八月二十三日

八月十三日的英文台北時報（Taipei Times），在社論中公開主張，台灣需要發展核子武器的嚇阻能力，並以攻擊中國大陸十大主要城市和三峽大壩等目標，做為反制中共對台軍事威脅的「殺手鐧」；此外，台北時報並強調，台灣擁有核子武器後，將會迫使中共方面不敢輕易興起，用軍事手段解決台灣問題的念頭，而且，發展核武導彈所需要的經費比購買潛艦、愛國者飛彈的支出還要低，其所能夠發揮的嚇阻效用，卻相對較高，顯然是一項值得投資的戰略性武器。八月二十二日，游錫堃在紐約表示，中共海測船頻繁接近日本海域，意圖突破西太平洋上日本、琉球、台灣、菲律賓等島弧組成的封鎖線，目的是「要來西太平洋和美國對幹」；同時，游並強調，台灣應和美國加強在經貿互動和國防安全上的合作；此外，游錫堃還呼籲在美的僑民應該以各種力量，促進美國與台灣簽訂自由貿易協定和軍售，以避免台灣被邊緣化。基本上，民進黨政府認為，美國的兩岸政策思維，仍然傾向於希望台海兩岸繼續對峙，而台灣選擇靠向美國，對美國在西太平洋的戰略佈局有利；因此，台灣最佳的戰略位置是選擇完全加入美國的陣營，以爭取美國的信任與保護，反而可以取得較多的籌碼，並繼續與中國對峙；與此同時，在台灣內部的政治競逐格局中，在野黨的議題操作空間，也將會隨著民進黨挾美國自重以直接迎戰中國的佈局，而日形地萎縮。整體而言，目前陳水扁政府內部的主流意見與思維，正如同英文台北時報社論中所揭示的主張，強調台灣擁有核子武器，將可以創造與美國、日本，以及中共，就有關維持台灣政治自主地位的談判籌碼，同時也可以在台美軍售關係上，為台灣爭取到更有利的戰略位置。不過，根據美國國防部在今年五月發佈的中共軍力評估報告指出，台灣擁有核武將構成中共對台用武的理由。今年七月二十日，華府重要智庫「布魯金斯研究所」，出版一本題為「The Nuclear Tipping Point: Why States Reconsider Their Nuclear Choices」的專書，其中，前美國國防部中國、台灣、蒙古科的科長米契爾博士（Derek J. Mitchell），即針對台灣重新考慮發展核武的可能性，進行深入的探討，其要點如下：

第一：台灣曾經在七十年代，秘密地發展核子武器。但是，當一九八八年初蔣經國逝世時，美國政府會同國際核能監督組織的成員，強迫台灣中止核武的研發計劃，並嚴密地控管高幅射量的核能發電廢料，以防範這些原料被轉化成可以製造核彈的鈽原素。目前台灣沒有發展核武，即使要發展也將會面臨很多不同的障礙；然而，一旦美國對台灣的安全保障不可恃，而台灣內部的民族主義氣氛激化，則情況將可能會有變化。換言之，如果台海兩岸間的軍力對比嚴重失衡，同時，台灣的軍隊愈來愈無法抵禦中共的閃電攻擊或全面侵略，則台灣可能把核武當作「殺手鐧」，以嚇阻中共；此外，當台灣當局認為美國對台灣的支持明顯減弱，台灣可能別無選擇，只好發展核武。

第二：目前，台灣當局若考慮發展核武，做為鞏固政治自主性和軍事安全的「王牌」，其所將面臨的障礙與挑戰包括：（一）中共方面堅決的反對，甚至揚言將以武力攻台，阻止台灣擁有核武；（二）美國在反核武擴散的架構下，勢必要阻止台灣擁有核武，以避免其他國家效法跟進；（三）台灣的軍隊雖然日漸「台灣化」，但是，軍方對於藉發展核武來鞏固台獨的政策，其接受度恐怕不高；（四）台灣的民意高漲，立法院的政黨生態複雜，對於爭取發展核武的共識和預算，恐非易事；（五）台灣的核燃料主要來自美國，若美國堅決反對台灣發展核武，並以切斷核能發電燃料為要脅，其後果嚴重；（六）台灣的媒體活動力強，政府秘密發展核武，或藉由黑市購進核彈的困難度將大幅增加。不過，就客觀狀況評估，台灣是否會發展核武，其關鍵在於政治上的決心，而不是在技術的障礙。以台灣現有的科技基礎與能力，倘若在政治上決定要發展核子武器，台灣的核武力量將很快就會有重大的進展。

第三：整體而言，只要台美間的軍事安全關係持續穩固，其一方面可以防範中共冒然對台採取軍事行動，另一方面也可以約束台灣考慮發展核武的意願；但是，如果美國不能保證阻止中共對台侵略，而東亞地區控制核武擴散的機能又失控，同時，台灣內部的民族主義獨立意識又不斷高漲，則整體的約束核武擴散力量，可能會失控。換言之，台灣的「核武牌」等於是向美國送出一個強烈的訊息，要求美國不要冒然的做出背棄台灣的行為，同時，也是向中共方面

國家圖書館出版品預行編目

中美台戰略趨勢備忘錄／曾復生著. -- 一版
-- 臺北市：秀威資訊科技, 2004[民93
-]
冊；　公分. --（社會科學類；AF0011-）

ISBN 978-986-7614-66-7（第1輯：平裝）. --
ISBN 978-986-7614-67-4（第2輯：平裝）

1. 國家安全 - 臺灣 2. 兩岸關係 3. 美國 -
外交關係 - 中國

599.8　　　93020620

社會科學類　AF0012

中美台戰略趨勢備忘錄　第二輯

作　　者 / 曾復生
發 行 人 / 宋政坤
執行編輯 / 李坤城
圖文排版 / 張慧雯
封面設計 / 羅季芬
數位轉譯 / 徐真玉　沈裕閔
圖書銷售 / 林怡君
網路服務 / 徐國晉
出版印製 / 秀威資訊科技股份有限公司
台北市內湖區瑞光路583巷25號1樓
電話：02-2657-9211　　傳真：02-2657-9106
E-mail：service@showwe.com.tw
經 銷 商 / 紅螞蟻圖書有限公司
台北市內湖區舊宗路二段121巷28、32號4樓
電話：02-2795-3656　　傳真：02-2795-4100
http://www.e-redant.com

2004 年 11 月　BOD 一版
定價：350 元

讀　者　回　函　卡

感謝您購買本書，為提升服務品質，煩請填寫以下問卷，收到您的寶貴意見後，我們會仔細收藏記錄並回贈紀念品，謝謝！

1.您購買的書名：______________________________

2.您從何得知本書的消息？

☐網路書店　☐部落格　☐資料庫搜尋　☐書訊　☐電子報　☐書店

☐平面媒體　☐ 朋友推薦　☐網站推薦　☐其他___________

3.您對本書的評價：(請填代號　1.非常滿意 2.滿意 3.尚可 4.再改進)

封面設計____　版面編排____　內容____　文/譯筆____　價格____

4.讀完書後您覺得：

☐很有收獲　☐有收獲　☐收獲不多　☐沒收獲

5.您會推薦本書給朋友嗎？

☐會　☐不會，為什麼？____

6.其他寶貴的意見：____

____

____

____

讀者基本資料

姓名：_____________________　年齡：______　性別：☐女　☐男

聯絡電話：_________________　E-mail：_____________________

地址：____

學歷：☐高中(含)以下　☐高中　☐專科學校　☐大學

☐研究所(含)以上　☐其他________________

職業：☐製造業　☐金融業　☐資訊業　☐軍警　☐傳播業　☐自由業

☐服務業　☐公務員　☐教職　☐學生　☐其他___________

請貼
郵票

To：114

台北市內湖區瑞光路 583 巷 25 號 1 樓

秀威資訊科技股份有限公司　收

寄件人姓名：

寄件人地址：□□□

(請沿線對摺寄回,謝謝!)

秀威與 BOD

BOD（Books On Demand）是數位出版的大趨勢，秀威資訊率先運用 POD 數位印刷設備來生產書籍，並提供作者全程數位出版服務，致使書籍產銷零庫存，知識傳承不絕版，目前已開闢以下書系：

一、BOD 學術著作—專業論述的閱讀延伸
二、BOD 個人著作—分享生命的心路歷程
三、BOD 旅遊著作—個人深度旅遊文學創作
四、BOD 大陸學者—大陸專業學者學術出版
五、POD 獨家經銷—數位產製的代發行書籍

BOD 秀威網路書店：www.showwe.com.tw
政府出版品網路書店：www.govbooks.com.tw

永不絕版的故事・自己寫・永不休止的音符・自己唱